节能提效技术及典型案例集

国网河北省电力有限公司营销服务中心　组编

内 容 提 要

本书围绕工业企业、商业建筑等领域节能提效先进技术，进行分析说明，同时针对能效诊断服务工作经验系统讲述开展节能提效工作的流程，并对节能提效技术未来进行展望。

本书共分四章，首先介绍了中国节能提效服务发展概况、发展意义以及发展形势与政策，在此基础上围绕水泥、钢铁、石化等18个行业的节能提效先进技术进行详细介绍，随后分析国内先进节能提效技术改造案例，清晰地讲解了国内外较为先进的节能提效技术。

本书可供电力市场服务、运营与能效诊断专业人员参考，也可作为电力企业内部电力市场服务人员、现场技术人员的学习资料以及高等学校电力专业、能源经济专业的教材。

图书在版编目（CIP）数据

节能提效技术及典型案例集 / 国网河北省电力有限公司营销服务中心组编．—北京：中国电力出版社，2023.4

ISBN 978-7-5198-7364-6

Ⅰ．①节…　Ⅱ．①国…　Ⅲ．①节能—案例—汇编—中国　Ⅳ．①TK018

中国版本图书馆CIP数据核字(2022)第243167号

出版发行：中国电力出版社
地　　址：北京市东城区北京站西街19号（邮政编码100005）
网　　址：http：//www.cepp.sgcc.com.cn
责任编辑：陈　丽
责任校对：黄　蓓　朱丽芳
装帧设计：赵丽媛
责任印制：石　雷

印　　刷：河北鑫彩博图印刷有限公司
版　　次：2023年4月第一版
印　　次：2023年4月北京第一次印刷
开　　本：710毫米×1000毫米　16开本
印　　张：21
字　　数：308千字
印　　数：0001—1000册
定　　价：120.00元

编委会

编写组

主　　编　孙胜博

副主编　申洪涛　陶　鹏　郭　威

参编人员　徐建云　白新雷　张颖琦　张洋瑞　阎　超

张　超　赵俊鹏　张　宁　张　凯　张　然

魏新杰　袁贺成　杨守伟　杜崇杰　李正哲

冯　波　张　瑞　张林浩　郭　浩

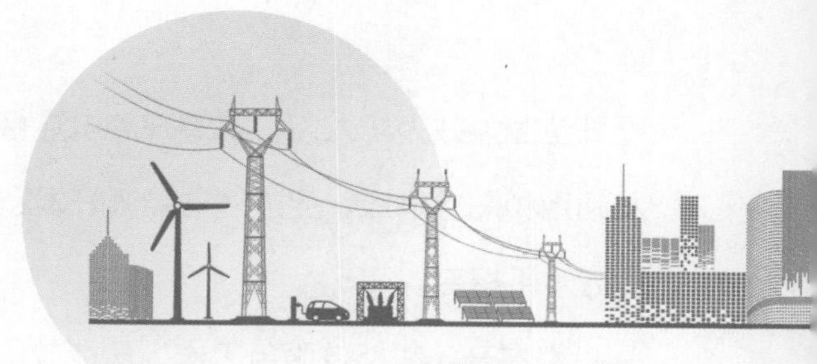

前 言

当前，随着我国提出二氧化碳排放力争 2030 年前达到峰值，力争 2060 年前实现碳中和的目标，“碳达峰碳中和”成为全社会关注的焦点，而提高能源效率的措施将在帮助工业和基础设施减少排放方面起到核心作用。“双碳”目标的实现及我国应对气候变化的实施路径应当与我国的能源战略保持一致，在低碳经济语境下，能源节约是应对气候变化从而实现低碳经济目标的重要手段之一。从全过程、各领域坚持和强化节能提效工作，从源头持续减少二氧化碳排放，促进经济社会发展全面绿色转型，建设人与自然和谐共生的现代化。建立完善的绿色低碳技术创新路径，是实现绿色低碳技术不断创新发展和关键核心技术攻关突破的重要保障。

随着能源革命深入推进，在能源供给侧推进清洁化、在能源消费侧推动电气化已成为我国能源安全水平的战略方向，国家电网作为特大型能源央企，发挥电网平台优势，以供电服务为基础，以电为中心，积极实施“供电服务”向“供电 + 能效服务”延伸拓展，聚焦客户用能优化，以提升企业能效为切入点，统筹开展电能替代、综合能源开发利用和需求响应，促进清洁能源开发利用，实现全社会能效水平提高。

为提升一线能效服务工作人员能效诊断能力，提高能效服务质量，拓展工作思路，国网河北省电力有限公司营销服务中心组织编写了《节能提效技术及典型案例集》一书。

该书结合我国各行业能效水平和节能改造现状，包括能效服务形势分析、高耗能行业典型节能提效技术及案例、能效服务走访作业流程和能效服务未来展望等四章内容。为保证节能提效技术的可靠性和先进性，深入水泥、钢铁、造纸、商业建筑、数据中心、医药制造、纺织、印刷、玻璃、焦化、建筑、卫生陶瓷、化工、电解铝、制铜、石化、橡胶制品、乳制品18个高能耗行业开展节能提效服务走访，分析企业用能特点，总结行业内典型节能经验，编制完成以上行业的节能提效技术及典型案例，为能效服务工作人员提供可借鉴经验。

作　者

2022年10月

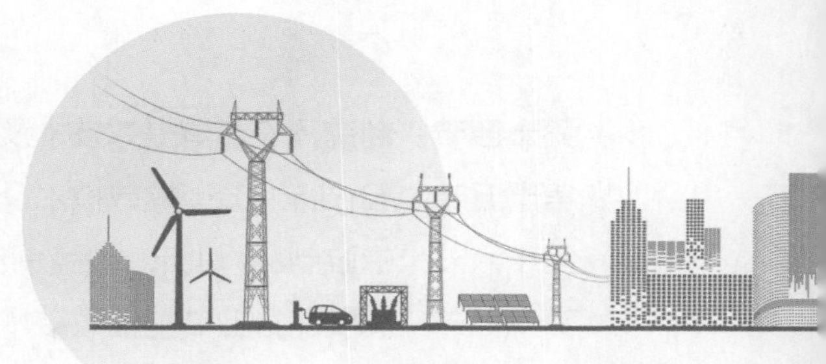

目录

第一章

节能提效发展形势分析

第一节 节能提效发展概述

一、能效服务概述

随着我国“碳中和、碳达峰”能源战略目标的提出，《国家电网有限公司关于全面开展能效服务的指导意见》（国家电网营销〔2020〕432号）中指出为落实国家能源革命要求，积极实施“供电服务”向“供电+能效服务”延伸拓展，以提升客户能效为切入点，统筹开展电能替代、综合能源服务和需求响应，推动公司经营效益提升，促进清洁能源开发利用，实现全社会能效水平提高，按照“一业为主，四翼齐飞，全要素发力”总体发展布局，开启“供电+能效服务”的绿色能源转型未来。

其中，能效公共服务主要依托省级智慧能源服务平台开展，包括电能监测、能效诊断、交易撮合等服务，通过挖掘客户深层次用能需求，引导客户按需选择市场化服务。能效市场化服务包括电能替代服务、综合能源服务、需求响应服务三类业务，主要以市场化方式，为客户提供规划设计、工程实施、系统集成、运营维护等服务。

二、参考文件

下列文件对于本文件的应用是必不可少的。凡是注日期的引用文件，仅所注日期的版本适用于本文件。凡是不注日期的引用文件，其最新版本（包括所有的修改单）适用于本文件。

1.《炼焦化学工业大气污染物超低排放标准》（DB 13/2863—2018）

2.《玻璃和铸石单位产品能源消耗限额》（GB 21340—2019）

3.《造纸单位产品能源消耗限额引导性指标》（DB 13/T 5187—2019）

4.《水泥单位产品能源消耗限额》（GB 16780—2021）

5.《数据中心能效限定值及能效等级》（GB 40879—2021）

6.《国家电网有限公司关于全面开展能效服务的指导意见》（国家电网营销〔2020〕432 号）

7.《国网河北省电力有限公司关于全面开展能效公共服务工作的实施方案》（冀电营销〔2021〕26 号）

8.《国家电网有限公司关于新形势下全面推进节能提效工作的意见》（国家电网营销〔2021〕618 号）

9.《高耗能行业重点领域能效标杆水平和基准水平（2021 年版）》（发改产业〔2021〕1609 号）

第二节 节能提效的意义

节能提效是我国可持续发展的一项长远发展战略，是绿色低碳的第一能源，即使是在当前化石能源为主的能源结构下，节能提效也是减排主力。长期以来，国家高度重视节能工作，出台了一系列政策法规、实施方案和技术标准，积极实施节能减排，大力发展节能环保产业，取得显著成效，但仍存在一些差距。

首先是单位生产总值能耗水平较高。当前，我国单位 GDP 能耗水平是世界平均水平的 1.5 倍，以占全球 15% 左右的生产总值消耗了全球 23% 的能源。要实现能源消费总量与能源消费强度“双控”目标，必须把节能提效摆在更加突出的位置。

其次，工业产品能耗下降空间较大，工业能源消费占能源消费总量的 64.8%，是节能的重点领域。我国工业领域十种产品生产的节能潜力约为 2.05 亿 t 标准煤。工业企业提高能源效率、降低用能成本的空间和潜力巨大。

此外，能效服务的作用有待充分发挥。做好企业能效服务，有利于提升企业效率、降低实体经济企业成本。当前，积极探索“供电 + 能效服务”的技术创新和制度创新，通过能效市场化服务实施电能替代、综合能源、需求响应等一系列综合措施，取得节约用能、提高能源效率、降低能耗、减少碳排放的实效。

第三节　节能提效的发展形势与政策

一、节能提效发展的必然性

我国将生态文明建设作为国家方略，是推进人与自然和谐共生的重大理论和实践创新。我国作为世界最大发展中国家，处于工业化、城镇化深化发展阶段，能源需求持续增长，生态环境保护任务艰巨。进一步强化节能提高能效，对从根本上破解资源环境瓶颈约束、建设生态文明、推动高质量发展具有重要意义。

节能提效是满足我国现代化能源增长需求的重要保障。目前我国能源消费主要集中在工业领域，与居民生活息息相关的建筑、交通用能较少，人均能源消费量尚不足发达国家平均水平的60%。随着现代化建设全面推进、人民生活持续改善，我国能源需求还将持续增长。如果主要依靠开发原生资源或进口满足能源需求，无论能源安全保障还是生态环境容量都将承受很大压力。

节能提效是实现建设美丽中国和应对气候变化目标的重要举措。近年来，我国不断强化污染治理，环境质量改善之快前所未有。但随着末端治理的空间不断收窄、成本持续上升，必须从源头上大幅提高能源利用效率，协同推进源头预防、过程控制、末端治理。同时，在应对气候变化中，节能是最具减排潜力、最经济的方式，是实现我国2030年应对气候变化国家自主贡献最主要的途径。

二、节能提效相关政策

在“双碳”背景下，我国钢铁、水泥、化工等高耗能企业目前正处于产业转型、技术升级周期，传统的风机、水泵设备也面临能效水平低、能源浪费严重的情况，下游行业客户对节能改造的意愿不断加强，促进能效服务行业不断发展。

国家相关部门陆续出台了一系列相关政策，《高耗能行业重点领域节能降碳改造升级实施指南》《关于完善能源绿色低碳转型体制机制和政策措施的意见》《关于加快推动工业资源综合利用的实施方案》《“十四五”节能减排综合工作方案》等政策不断推动传统行业节能提效、超低排放升级改造，在很大程度上促进节能设备行业的发展。

第二章

节能提效技术及典型案例分析

第一节 水泥行业节能提效技术及典型案例

一、行业概述

（一）行业特点

水泥是我国基础设施建设的重要原材料，与诸多下游产业有着密切的关联度，对生态环境因素影响较大，也是重要的战略物资，近十年来我国水泥年产量在 20 亿～ 25 亿 t 之间波动。同时水泥制造业是建材工业中的耗能大户，水泥产品能耗约 2 亿吨标准煤，占建材工业能耗 60% 左右、全国总能耗 5% 左右，同时也是碳排放的主要组成部分，是建材工业实现碳中和、碳达峰的关键产业。

目前水泥行业产能严重过剩，结构性矛盾依然存在，政府部门作出指示，鼓励并支持企业之间积极探索多种兼并重组模式，整合资源，充分发挥大企业集团在环境保护、智能制造、智慧物流等方面的领军作用，加快行业转型升级，优化市场布局，提高产业集中度，充分利用产业政策推动行业的供给侧结构性改革，对企业来说，加快水泥生产绿色发展、实施节能提效改造势在必行。

（二）生产工艺

水泥的生产过程大致可以分为“两磨一烧”三个阶段，即生料制备、熟料煅烧和水泥制备。水泥生产主要有干法、半干法、半湿法以及湿法四种工艺，工艺的选择在很大程度上由原料的状态（干或湿）决定。现在超 90% 的水泥产品依靠干法工艺，相对湿法工艺能量消耗更低。

2019 年，中国建材联合会发布的《2019 年水泥行业大气污染防治攻坚战实施方案》中明确提出，水泥行业以“第二代新型干法水泥”技术成果为基础，全面推进水泥行业技术升级改造，为此，企业可采取如下措施：一是应用先进节能工艺技术装备，采用窑外分解新型干法水泥生产工艺、辊压机终粉磨技术、第四代篦冷机等先进适用技术装备；二是大力实施节能装备改造，广泛实施预热器降阻、分解炉分级燃烧改造、大功率拖动电机变频改造、高温风机智能换热等节能改造，不断节能提效；三是积极推进水泥窑协同处置固体废弃物；四是强化能源信息化管控和智能化生产。

（三）行业标准

节能标准是国家节能制度的基础，是提升经济质量效益、推动绿色低碳循环发展、建设生态文明的重要手段。水泥行业标准《水泥单位产品能源消耗限额》（GB 16780—2007）首发于 2007 年，是我国首批强制性单位能源消耗限额国家标准之一，2021 年为最新修订。2021 年 10 月新修订发布的《水泥单位产品能源消耗限额》（GB 16780—2021）规定了水泥产品能源消耗的限额等级、技术要求、统计范围与计算方法。标准适用于通用硅酸盐水泥产品生产企业用能能耗的计算、考核，以及对新建、改建和扩建项目的能耗控制，该标准于 2022 年 11 月 1 日起实施，较当下执行的《水泥单位产品能源消耗限额》（GB 16780—2012）标准，新标准的能耗限值要求更高。表 2-1 为水泥单位产品能源消耗限额一览表。

表 2-1　水泥单位产品能源消耗限额一览表

指标名称	能耗限额等级及限额值		
	3 级（限定值）	2 级（准入值）	1 级（先进值）
水泥单位产品综合能耗（kgce/t）	≤ 94（98）	≤ 87（93）	≤ 80（88）
熟料单位产品综合能耗（kgce/t）	≤ 117（120）	≤ 107（115）	≤ 100（110）
熟料单位产品综合电耗（kWh/t）	≤ 61（64）	≤ 57（60）	≤ 48（56）
熟料单位产品综合煤耗（kgce/t）	≤ 109（112）	≤ 100（108）	≤ 94（103）

续表

指标名称	能耗限额等级及限额值		
	3 级（限定值）	2 级（准入值）	1 级（先进值）
水泥制备工段电耗（kWh/t）	≤ 34（40）	≤ 29（36）	≤ 26（32）

注 括号内数据为 GB 16780—2012 版限额指标。

二、节能技术

（一）变频改造技术

1. 技术说明

变频调速技术的基本原理是根据电机转速与工作电源输入频率成正比的关系：$n=60f(1-s)/p$，式中 n、f、s、p 分别表示转速、输入频率、电机转差率、电机磁极对数。我国的交流电供电频率一般是 50Hz，交流电动机的转速以及各种电器消耗的电能，都与供电频率直接有关，变频技术就是通过控制电动机的转速，达到灵活控制负载和降低电能消耗的目的。变频调速技术就是基于上述原理采用交－直－交电源变换、电力电子、自动化控制等技术于一身的综合性电气产品。

2. 应用场景

水泥行业主要的生产工序包括矿石破碎、生料磨、均化分解、熟料制备、熟料冷却、水泥磨、水泥入库等，其主要的耗能工序是生料磨、水泥磨，能耗占比超总能耗的 60%，因此，采用先进改造技术，降低企业生产能耗可有效降低生产成本。变频调速技术主要是通过控制电机的转速来降低风机负载，例如高温风机、循环风机、窑头风机、窑尾风机、粉尘风机、篦冷风机等，从而实现节能降耗。

3. 典型案例

某水泥厂经营范围主要为水泥制品制造、销售等，现有 2 条日产 3500t 的新型干法窑外分解水泥生产线和 1 条日产熟料 4600t 生产线，年生产 300 天。

水泥厂高温风机主要是把预分解窑内产生的热气抽走，在生产中起着非常重要的作用，生产过程中通过风门调节风量，风门调节方式存在大量能源浪费，后结合现场实际情况，通过变频调速的方式进行节能改造，节能改造后，把风门调到最大，通过改变电机转速来调节流量，调节范围是 0 ~ 50Hz，因为只是转速变化，风门的开度不再调节，从而达到更加理想的节能效果。

改造前，该厂高温风机额定功率为 2000kW，全天 24h 运行，年运行时间 300 天，运行负荷 60%，则年耗电量 864 万 kWh，改造完成后，经估算，全天 24h 运行，年运行时间 300 天，平均运行负荷 40%，则年耗电量 576 万 kWh，因此，该项目改造完成后，年可节约用电 288 万 kWh，电价以 0.75 元 /kWh 计，则年可节约用电成本 216 万元。该水泥厂高温风机改造前后能效对比结果如表 2-2 所示。

表 2-2　水泥高温风机改造前后能效对比

设备名称	额定电压（kV）	额定功率（kW）	改前小时耗电量（kWh）	改后小时耗电量（kWh）	节电率
高温风机	10	2000	1200	800	33.33%

高温风机变频改造如图 2-1 所示。

图 2-1　高温风机变频改造

（二）水泵改造技术

1. 技术说明

冷却循环水系统使用的主要动力机械设备是泵类，冷却循环水主要用于换热设备的冷、热量交换和传送，广泛应用于大工业企业，目前我国冷却循环水领域普遍存在低效率、高能耗现象，造成能源极大浪费，高效流体输送技术是目前最为有效的循环水系统节能技改技术，该技术通过对检测对象的系统分析和研究，整改实际系统中存在的不利因素，并按最佳运行工况参数定做“高效节能泵”，替换实际处于不利工况、低效率运行的水泵，消除“无效能耗”，提高输送效率，达到最佳的节能效果，从根本上解决了循环水系统普遍存在的“低效率、高能耗”这个技术难题。

2. 应用场景

泵类一般是根据工作机组满负荷工作状态下所需功率来选型的，实际工作情况中，泵类通常不是总在满负荷状态下运行，因此需改变水泵流量适应实际需求。传统方式的水泵调速应用中，由于交流电机改变转速不易，系统采用调整阀门或挡板等措施改变流量，使得无论生产的需要如何以及机组处于何种负荷状态，电机均需在全速下运行，因而存在功率大、能耗高、经济效益低，设备损耗快、维护维修费用高等一系列问题，因此，将普通泵更换高效节能泵，可有效降低能耗，节约用电成本，高效节能泵技术主要应用于水泥厂余热发电厂循环水泵、厂区内循环水泵系统。

3. 典型案例

某公司主要经营范围包括通用硅酸盐水泥熟料生产销售、低温余热发电的生产销售等，企业设计产能为年产新型干法水泥熟料700万t，优质水泥200万t，年发电量3.5亿kWh，年生产300天。

该公司余热发电厂循环水泵共计6台，正常生产时“4开2备”，通过实际测量水泵在运行过程中偏离最佳工况点，效率低下，2017年通过技改手段，重新量身定做更匹配工况的水泵，节能改造后节电效果明显。

改造前，4台水泵的额定功率160kW，全天24h运行，年运行时间300天，满负荷运转，年耗电量为460.8万kWh，改造完成后，额定功率不变，全天24h运行，年运行时间300天，经估算，运行负荷95%即可达到生产要求，则年可节约用电23.04万kWh，电价以0.75元/kWh计，则年可节约用电成本17.28万元。水泵改造项目如图2-2所示。

图2-2　水泵改造项目

（三）余热发电技术

1. 技术说明

水泥厂余热发电是针对水泥在熟料煅烧过程中窑头窑尾排放的余热烟气进行回收，产生过热蒸汽推动汽轮机实现热能向机械能的转换，从而带动发电机发出电能，所发电能供水泥生产过程中使用。新型干法水泥熟料生产企业中由窑头熟料冷却机和窑尾预热器排出的350°C左右废气，其热能大约为水泥熟料烧成系统热耗量的35%，低温余热发电技术的应用，可将排放到大气中占熟料烧成系统热耗35%的废气余热进行回收，使水泥企业能源利用率提高到95%以上。

余热发电技术的基本原理就是将30°C左右的软化水经除氧器除氧后，经水泵加压进入窑头余热锅炉省煤器，加热成190°C左右的饱和水，分成两路，一路进入窑头余热锅炉汽包，另一路进入窑尾余热锅炉汽包，然后依次经过各自锅炉的蒸发器、过热器产生1.2MPa、310°C左右的过热蒸汽，汇合后进入汽轮机做功，或闪蒸出饱和蒸汽补入汽轮机辅助做功，做功后的乏汽进入冷凝器，冷凝后的水和补充软化水经除氧器除氧后再进入下一个热力循环，减少余热浪费。

2. 应用场景

纯低温余热发电技术，即是在新型干法生产线生产过程中，通过余热回收装置——余热锅炉将窑头、窑尾排出大量低品的废气余热进行回收换热，产生过热蒸汽推动汽轮机实现热能—机械能的转换，再带动发电机转化成电能，并供给水泥生产过程中的用电负荷，主要应用在回转窑熟料煅烧过程中窑头窑尾排放的余热烟气进行回收，根据烟气的温度和产量确定发电机组容量。

3. 典型案例

某公司经营范围包括水泥及水泥制品、熟料的生产、销售等。企业拥有5000t/d新型干法水泥熟料生产线1条，年生产300天。

企业余热发电项目利用烟气余热建设6MW余热发电机组，包括窑头冷却机废气余热锅炉（AQC炉）、窑尾预热器废气余热锅炉（SP炉）、锅炉给水处理系统、汽轮机及发电机系统、电站循环冷却水系统、电站站用电系统、电站自动控制系统、电站室外汽水系统、电站室外给排水管网及相关配套的土建等以及通信、给排水、照明、环保、劳动安全与卫生、消防、节能等辅助系统。

改造完成后，正常生产时，小时发电量为6000kWh，全天24h运行，年生产300天，年发电量4320万kWh，可满足企业内50%左右的电量消耗，以0.75元/kWh计，年可节约用电成本3240万元。烟气余热发电项目如图2-3所示。

图 2-3 烟气余热发电项目

（四）空气悬浮技术

1. 技术说明

空气悬浮鼓风机是一种全新概念鼓风机，它采用超高速直流电机、空气悬浮轴承和高精度单级离心式叶轮三大核心高端技术、开创了高效率、高性能、低噪声、低能耗风机新纪元，是采用航空涡轮机械设计经验而潜心研制的新一代高科技产品。

高速悬浮离心鼓风机不需要齿轮箱增速器及联轴器，由高速电机直接驱动，而电机采用变频器来调速，鼓风机叶轮直接与电机结合，而轴被悬浮于主动式空气轴承控制器上，具有技术先进、性能可靠、结构简单、体积小、节约能源、维护方便等特点。

2. 应用场景

鼓风机在水泥生产过程中占有重要位置，在水泥生产中，风机能耗巨大，占总能耗的 30% ~ 35%，采用鼓风机节能降耗技术，不仅可有效降低水泥行业能源消耗，缩减企业生产成本，还可提高企业市场竞争力，推动企业高效发展，空气悬浮鼓风机选用集成化布置，将永磁高速启动器、PLC 自动控制系统、空气悬浮滚动轴承，智能化操作面板集于一体化，技术性强、特性平稳、构造简易、实际操作方便。

3. 典型案例

某公司经营范围包括生产销售水泥熟料等，年生产 300 天。

该公司建有一条 4000t/d 的水泥熟料生产线，其煤粉计量与输送系统配备有两台转子秤，煤粉制备车间布置在窑头。窑头、窑尾喂煤系统配备罗茨风机，窑头罗茨风机实际操作压力为 15kPa，窑尾罗茨风机为 23kPa，存在电机功率选型大、噪声大等问题。另外，罗茨风机在运行中需定期添加润滑油，进行循环水冷却等维护保养工作，存在油水“跑、冒、滴、漏”现象，对现场环境有一定影响，为解决以上问题，企业选择了 1 台空气悬浮风机为窑尾送煤，1 台空气悬浮风机为窑头送煤。技改之后效果显著，空气悬浮风机运行状态稳定，能够满足窑炉生产要求，厂房环境得到了有效改善，节电效果明显。

（1）窑尾喂煤空气悬浮风机节能（节电率）。改造前，传统风机功率为 117kW，改造完成后，空气悬浮风机额定功率为 75kW，节电率 36%。按年运行 300 天计算，年节电量约为 30.24 万 kWh，每年约节省电费 22.6 万元。

（2）窑头喂煤空气悬浮风机节能（节电率）。改造前，传统风机的额定功率为 60kW，改造完成后，空气悬浮风机额定功率为 42kW，节电率 30%。按年运行 300 天计算，年节电量约为 12.96 万 kWh，每年约节省电费 9.7 万元。

空气悬浮鼓风机项目如图 2-4 所示。

图 2-4　空气悬浮鼓风机项目

（五）辊压机改造技术

1. 技术说明

为保护水泥生产设备，在设备传动系统中经常设置液力耦合器实现柔性启动，减少设备启动时的冲击。但实际运行中液力耦合器存在容易漏油等问题。通过使用磁力传动技术对水泥生料粉磨过程中的辊压机设备进行改造，提高生产安全可靠性，降低设备能耗。

磁力耦合器由磁转盘和转体笼两个无物理接触的独立部件构成，它们之间的相对运动会在转体笼中产生涡流，在涡流产生的磁场中，两个部件相互作用，以磁力作为传递力，不存在接触，通过调节磁转盘和转体笼的间隙来实现轴扭矩的变化。

2. 应用场景

辊压机由于进料多少不均，大小不一，造成频繁短时冲击负载，动辊需要适应工况做可横向摆动，万向节联轴器大角度使用时造成轴系有交变轴向力，辊压机与电机一般采用直连或液力耦合器连接在负载轴上，容易发生故障，维护频率高、费用大，影响正常生产。通过在辊压机传动中采用磁力耦合器新型柔性传动保护装置，减少系统振动，缓解冲击载荷，保护整个传动链上设备，延长整个轴系系统的使用寿命，提高系统可靠性，提升生产效率。

3. 典型案例

某公司主要经营范围包括水泥制品生产销售，年生产 300 天。

该公司 Φ4.2m×11.5m 水泥磨配套 RP120-80 辊压机。在每台减速机输入轴上安装一台液力耦合器，作为柔性启动装置。由于辊压机运行振动较大，液力耦合器故障频发。经过分析，原因是安装在减速机高速轴上的液力耦合器加上油液的质量超过 200kg，给减速机高速轴附加了一个弯矩，对高速轴轴承运行造成一定影响，使减速机高速轴故障频发并且漏油；同时系统超负荷后，液力耦合器易熔塞合金熔化，油液喷出，导致系统停机，不仅对环境造成污染，油液浪费，而且每次处理时间要在 2h 以上，造成辊压机与磨机联动率低、制约了水泥磨正常生产。

该公司为改变现状，辊压机传动中采用了磁力耦合器这种新型柔性保护装置进行改造，改造后辊压机与磨机联动率达 99% 以上，辊压机振动下降明显，有效保护设备，同时磁力耦合器脱离后，恢复时间短，可稳步提升设备可靠性，效益比较明显。

（1）在改造前每次更换易熔塞约停机 2h，改造后当过载时，磁力耦合器的磁转盘将在轴向产生大的相对移动，从而自动切断负载，实现保护电动机和减速机的功能。保护动作后，只需停机后再开机便可恢复生产，每次仅需 5min，减少了维修时间，避免停产造成的损失，年增效益 8.4 万元。

（2）改造后设备运行振动减小，设备安全隐患消除，年节约减速机维修及液力耦合器新购费用约 40 万元。

（3）改造前两台辊压机减速机因振动损坏停机时间约 138h，改造后设备运转率提高，年增效益 38.76 万元。

辊压机节能改造项目如图 2-5 所示。

图 2-5 辊压机节能改造项目

第二节　钢铁行业节能提效技术及典型案例

一、行业概述

（一）行业特点

目前中国钢铁工业总能耗占全国总能耗的 16.3%，总产值占全国 GDP 的 3.2%，是我国的支柱产业，钢铁产品是我国最重要的工业原料之一。2021 年我国粗钢实际产量为 10.33 亿 t，但产能利用率不足 67%，中国过剩产能 3.36 亿～ 4.25 亿 t。

钢铁行业是继电力行业之后我国第二大碳排放行业，钢铁行业的低碳转型对我国长期达成“双碳”目标至关重要。2020 年，钢铁产业二氧化碳排放量占我国碳排放总量的 16% 左右，并且钢铁产品生产过程中出现的能源浪费、能耗高和碳排放强度大等问题愈加严重。因此，加快钢铁工业技术升级和结构优化势在必行。

（二）生产工艺

钢铁主要生产系统包括烧结系统、炼铁系统、炼钢系统、连铸系统和轧钢系统。烧结系统主要分为原料准备和烧结两个部分，烧结主作业线是从配料开始，包括配料、混料、烧结、冷却及成品烧结矿整粒几个主要环节，作业线长达数百米；炼铁系统配套建设供料系统、主皮带系统、炉顶系统、炉体系统、风口平台及出铁场系统、炉渣处理系统、热风炉系统、粗煤气除尘系统、煤粉制备与喷吹系统等；炼钢系统和连铸系统配套建设转炉、烟气冷却系统、烟气净化系统、连铸机、输送皮带系统、空压站、料仓等；轧钢系统配套建设加热炉、粗轧机、精轧机、热卷箱、飞剪、层流冷却等系统，根据轧机的不同，可轧制不同规格的产品。

（三）行业标准

2022 年 1 月 20 日，工业和信息化部、发展改革委和生态环境部发布的《关于促进钢铁工业高质量发展的指导意见》中明确提出力争到 2025 年钢铁工业基本形成布局结构合理、资源供应稳定、技术装备先进、质量品牌突出、智能化水平高、全球竞争力强、绿色低碳可持续的高质量发展格局。绿色低碳深入推进，构建产业间耦合发展的资源循环利用体系，80% 以上钢铁产能完成超低排放改造，吨钢综合能耗降低 2% 以上，水资源消耗强度降低 10% 以上，确保 2030 年前实现碳达峰等发展目标。表 2-3 为钢铁行业能耗准入值，表中列出了河北省的相关规定。表 2-4 为粗钢生产主要工序主要能源回收量先进值。

表 2-3　钢铁行业能耗准入值

工序名称	DB13/T 2137-2014 新建和改扩建粗钢生产主要工序单位产品能耗准入值		《河北省主要产品能效限额和设备能耗限定值》（2018 年 1 月）		
	准入值（kgce/t）	先进值（kgce/t）	限定值（kgce/t）	准入值（kgce/t）	先进值（kgce/t）
烧结工序	≤ 50	≤ 45	54	50	45
高炉工序	≤ 370	≤ 361	433	370	361
转炉工序	≤ -25	≤ -30	-10	-25	-30

注 1. 特殊用途转炉如提钒转炉、脱磷转炉、不锈钢转炉等不按此考核。

2. 电力折标准煤系数取当量值，即 1kWh=0.1229kgce。

3. 烧结工序以配备烧结烟气脱硫装置且污染物排放达到国家环保排放标准 GB 28662—2012 的要求为基准。

表 2-4 粗钢生产主要工序主要能源回收量先进值

分类	能源回收量先进值
高炉工序炉顶余压发电量（kWh/t）	≥ 42
烧结工序余热回收量（kgce/t）	≥ 10
转炉工序能源回收量（kgce/t）	≥ 35

注 1. 高炉炉顶余压发电量指高炉工序每生产 1t 合格生铁回收利用炉顶余压所产生的电量。
2. 烧结工序余热回收量指烧结工序每生产 1t 合格烧结矿回收的余热蒸汽量折标准煤量。
3. 转炉工序能源回收量指转炉工序每生产 1t 合格粗钢所回收的转炉煤气和余热蒸汽折标准煤量之和。

二、节能技术

（一）主抽风机改造技术

1. 技术说明

烧结系统中，主抽风机是烧结生产线的主要辅助设备，担负着烧结燃烧过程中持续送风功能，并产生负压，使烧结混匀矿在台车中自上而下充分燃烧，从而形成烧结矿。由于受烧结生产中诸多因素（料层厚度、设备漏风等）的影响，在生产过程中需要根据烧结机的实际情况不断调整主抽风机的风量、负压等风机参数，使之满足烧结生产。主抽风机电机工作在工频电压下，对烧结生产中的风量、负压的调节仅通过改变风机挡板开度来实现，此种方式已沿用多年，并逐渐暴露出了高成本、高能耗、控制方式粗放等不足。因此，对于烧结风机系统风量和负压的调节，通过采用高压变频器改变主抽风机的电机转速来完成，实时调整电动机的转速，平滑地实现烧结生产中风量、负压的调节功能。

2. 应用场景

主抽风机作为烧结厂生产过程中重要的负载设备，根据烧结机大小不同，配套的主抽风机功率不同，其能耗占烧结厂能耗的 50% 左右，烧结厂主抽风机的节能改造主要采用高压变频调速技术，在满足正常生产条件下，通过改变电动机输出转速达到节能效益最大化的目的，主抽风机节能改造后节电率可达20% 以上。

3. 典型案例

某集团以钢铁生产为主业，主要产品螺纹钢、中厚板、热卷板、冷轧板、镀锌板、彩涂板、圆钢、异型钢、型钢、线材、钢轨，是全国大型的螺纹钢生产基地、国家高强钢筋生产示范企业、国家高新技术企业。

该集团二烧结厂共有 3 台 230m² 烧结机，每台烧结机配套 2 台主抽风机，采用同步电机驱动风机，生产中风量调节方式采用风门挡板形式，根据生产过程中所需风量的不同调节风门开度，风门调节方式把多余的风量通过挡板的形式疏散，调节过程中造成了很大的能源浪费。

通过加装高压变频器方式对主抽风机进行节能改造，改造后风门不在调节，通过改变电动机转速的方式调节风量，相比于风门调节方式节约电能。烧结主抽风机改造如图 2-6 所示。

图 2-6　烧结主抽风机改造图

改造前后具体效益如表 2-5 所示。

表 2-5　主抽风机改造前后对比

设备名称	额定电压（kV）	额定功率（kW）	改造前小时耗电量（kWh）	改后后小时耗电量（kWh）	节电率
一期 1 号主抽风机	10	4600	4217.46	3167.73	24.89%
一期 2 号主抽风机	10	4600	4351.70	3268.56	
二期 1 号主抽风机	10	4600	3796.67	2676.65	29.5%
二期 2 号主抽风机	10	4600	3456.67	2436.95	
三期 1 号主抽风机	10	4400	3312.04	2517.15	24%
三期 2 号主抽风机	10	4600	3515.83	2672.03	

（二）水泵改造技术

1. 技术说明

冷却循环水主要用于换热设备的冷、热量交换和传送，广泛应用于大工业企业，目前我国流体输送领域普遍存在效率低、能耗高现象，与国际先进水平比较存在较大差距，高效流体输送技术是目前最为有效的循环水系统节能技改技术，该技术通过对检测对象的系统分析和研究，通过整改实际系统中存在的不利因素，并按最佳运行工况参数定做“高效节能泵”替换实际处于不利工况、低效率运行的水泵，消除“无效能耗”，提高输送效率，达到最佳的节能效果，从根本上解决了循环水系统普遍存在的“低效率、高能耗”的技术难题。

2. 应用场景

钢铁行业循环水泵主要分布在炼铁厂、炼钢厂、轧钢厂等，炼铁厂水泵有常压泵、中压泵、上塔泵等；炼钢厂水泵有：净环泵、浊环泵、旋流井提升泵等；轧钢厂水泵有浊环高压泵、浊环低压泵、提升泵等。这些水泵根据实际生产情况可以进行水泵节能改造，采用“高效节能泵”整体替换方式达到节能的目的。

3. 典型案例

某热卷板厂生产过程中需要用到大量的水对设备及板材进行热交换降温，

循环水泵在运行中存在着实际运行工况和生产工艺不匹配的问题，水泵运行中偏离最佳工况点，造成了大量的能源浪费。

通过对水泵实际运行工况测量，量身定做“高效节能泵”替代原有水泵，改造位置在层流泵房和提升泵房，对直接上塔泵 1 号、直接上塔泵 2 号、供过滤器泵 1 号、供高位水箱泵 3 号、浊环提升泵 1 号、浊环提升泵 2 号、浊环提升泵 3 号进行改造，节能改造后节电效果明显，水泵改造前后节能数据如表 2-6 所示。卷板厂水泵改造如图 2-7 所示。

表 2-6 卷板厂水泵改造前后对比

序号	泵房名称	系统名称	改造前小时耗电量（kWh）	改后后小时耗电量（kWh）	节电率
1	层流泵房	直接上塔泵 1 号	186.14	153.03	17.79%
2		直接上塔泵 2 号	180.61	147.92	18.10%
3		供过滤器泵 1 号	163.34	73.66	54.90%
4		供高位水箱泵 3 号	265.11	178.8	32.56%
5	提升泵房	浊环提升泵 1 号	240.49	170.89	28.94%
6		浊环提升泵 2 号	236.43	146.63	37.98%
7		浊环提升泵 3 号	200.86	160.65	20.02%

图 2-7 卷板厂水泵改造图

（三）除鳞泵改造技术

1. 技术说明

钢铁企业中厚板、热轧带钢工艺生产中除鳞泵的作用是清除钢坯表面上的氧化铁皮。除鳞泵在初期设计时往往按照最大生产工艺进行设计，实际生产中除鳞泵出现能力过剩的问题，轧钢除鳞系统运行中高压离心泵运转台数多、功率大，而且不除鳞时泵仍在恒速运行，在除鳞间隔或换辊、待温、小修临时停机不用高压水期间，消耗功率 70% 以上，因此，高压离心泵有效能耗利用率最多 75%，既浪费电能又浪费水排放。

除鳞泵系统改造通过增加蓄水能力、管网优化、高压变频控制、除鳞系统智能化控制平台等技术进行节能改造，根据除鳞系统压力调节高压离心泵的转速，当系统压力达到上限时，离心泵降速运行；当系统压力达到下限时，离心泵升速运行，达到稳定控制输出压力，保证输出流量，并达到节能的效果。

2. 应用场景

随着钢铁工业的发展，钢铁市场竞争日益激烈，用户对钢板表面质量要求也是更加严格，要生产出有市场竞争力的产品，质量是重中之重，除鳞系统的工作效果直接影响着钢材产品的质量，通过在钢铁行业中的轧钢分厂，包含轧制中厚板、1000mm 以上带钢的生产线上进行除鳞泵系统节能改造降低轧钢运行成本。

3. 典型案例

某轧钢厂主要生产 5m 宽厚板，年产量 230 万 t，轧钢厂除鳞泵站共有 4 台 3000kW 高压除鳞泵，节能改造前三用一备，由于轧制除鳞工艺流量与高压离心泵供水能力不匹配，经常出现关死点压力不可控，最小流量阀经常在超高压下开闭，导致高压离心泵和最小流量进行水排放。

通过系统节能改造后系统运行两台除鳞泵，一主泵、一副泵运行模式，系统压力控制在一定范围内，高压离心泵按轧制除鳞工艺需要压力、流量运行，在交接班换辊和供水能力过剩期间，主副泵全部低速空载运行，彻底消除高压电机空载运行能耗浪费问题，改造效果如表2-7所示。除磷泵改造现场如图2-8所示。

表2-7 除鳞泵改造前后对比

设备名称	额定电压（kV）	额定功率（kW）	改前小时耗电量(kWh)	改后小时耗电量（kWh）	节电率
1号除鳞泵	10	3000	2438.61	1869.28	23.35%
2号除鳞泵	10	3000	2502.05	1838.51	26.52%
3号除鳞泵	10	3000	2927.77	2035.47	30.48%
4号除鳞泵	10	3000	2572.5	1743.43	32.23%

图2-8 除磷泵改造现场

（四）空压机改造技术

1. 技术说明

空压机作为钢铁行业中必不可少的设备，为降低能耗、节约能源需对能耗高、效率低的空压机进行节能改造，改造内容包括：使用“空压站节能监控系统”将空压站统一进行监控、调配，更换效率低下的空压机，系统管网优化，末端用气梳理等。改造后的空压站可以通过节能监控系统对站内所有空压机、后处理、循环水等设备进行实时监控；重新规划空压站空压机配置，增强压缩空气系统用气梯度调节能力，为用气末端安装智能控制设备，智能调整开度，稳定管网压力，对用气设备实现精准供气，并通过系统的自动调配，减少空压机空载时间，同时对系统内干燥机、过滤器排水装置进行优化，从而降低空压站整体耗电。

2. 应用场景

空压机在钢铁企业中有着重要的作用，目前大多钢铁企业在空压机运行中存在着许多问题，空压机的使用调度，主要依靠人为经验，系统信息化程度不高，导致供需匹配缺乏有效的数据支撑，系统中单机设备能效水平不佳，缺乏梯度调节，存在一定冗余，末端工艺存在高压低用、高品低用等现象，导致运行过程中能源浪费较为严重。

3. 典型案例

某制氧厂空压站共有 7 台喷油螺杆式空压机，从制氧厂集中向各工艺段提供压缩空气，空压机运行台数一般根据生产工艺及生产调度有所调整，高峰开 6 台空压机，一般开 5 台空压机，低谷开 3 ~ 4 台空压机，一般系统运行 5 台空压机可满足用气需求，具体使用流量因未加装流量计量，无法准确提供，正常运行工况流量约 350m³/min, 用气流量波动范围为 267.8 ~ 413.2m³/min。经现场调研，空压机前置过滤器排污脱水、干燥机再生造成大量成品压缩空气泄放，实际产气量将低于空压机额定产气量，末端用气没有精准调控，造成能源浪费。

该制氧厂对空压机进行系统改造后，节能效果显著。该项目通过在制氧厂空压站内新增 1 台 180m³/min 离心式空压机为全厂主要供气，在烧结区域新增 2 台 40m³/min 的变频式螺杆空压机及低压用气管网，主要为烧结厂供气，避免出现大管网供气时所带来的最高压力用户决定系统管网压力、最高用气品质用户决定系统管网品质等问题。

项目改造完成后年节约用电约 500 万 kWh，合计年节约费用 350 万元左右，大大降低了用电成本。空压机改造现场如图 2-9 所示。

图 2-9　空压机改造现场

（五）海水淡化替换技术

1. 技术说明

热水闪蒸的 6 效低温多效（MED）海水淡化方案是目前应用范围较为广泛的海水淡化技术。物料水系统采用平流进料方式，设置第 4 效回热加热器。低温多效海水淡化装置分为热水系统、冷却海水系统、物料水系统、产品水系统、浓盐水排放系统等。海淡装置采用热水作为热源，热水可由厂区管道进入海淡区域，冷却海水系统用于向海水淡化设备凝汽器提供冷却水，物料水采用平行喷淋进料方式，物料水来自凝汽器后冷却海水，产品水系统用于将产品水汇集，由蒸发器内排出，经独立管路送至全厂给水泵站，盐水排放系统用于将各效喷淋蒸发浓缩的浓盐水汇集排放，系统由浓盐水泵、调节阀以及相应管道、仪表等组成。热法淡化工艺流程如图 2-10 所示。

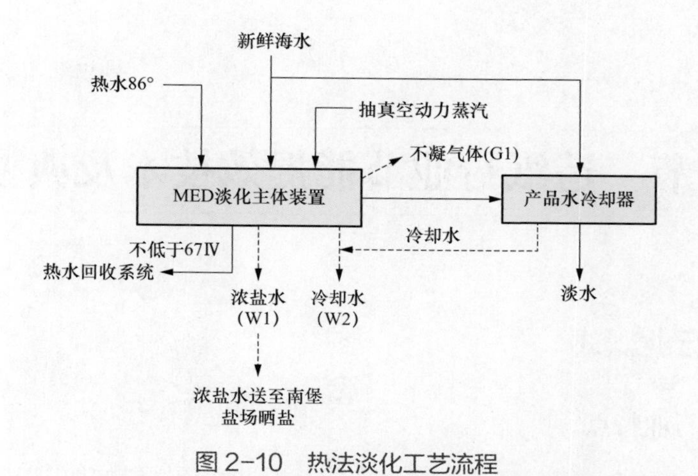

图 2-10　热法淡化工艺流程

2. 应用场景

烟气冷却系统、烟气净化系统、高炉冷却系统、空压系统用水采用地下水和循环回用水，用水量大，且现有地下水水位下降快，地下水开采和使用成本越来越高，地球上海水资源丰富，通过海水淡化技术取用海水，制备淡水资源，减少地下水开采，并形成海水淡化完整产业链，还可将淡水推广至周边企业。

3. 典型案例

某公司通过购置高压泵、能量回收、反渗透设备进行海水淡化改造项目建设，项目建成后，日生产淡水 15 万 t。热法工艺利用冲渣水余热提供热源，解决了冬季以外冲渣水余热无法利用的难题，也为海水淡化提供了稳定的热源，从而达到了余热利用、循环经济、综合利用的目的，经统计，改造完成后，项目每年回收冲渣水余热量折合标煤约 19.5 万 t，由于海水淡化产水水质优良，提高了企业整体用水效率，实现了污水零排放。2021 年全年生产淡水 1026.4339 万 t，钢铁工艺直接利用海水替代淡水 765.5125 万 t，合计利用海水实现替代淡水使用 1791.9464 万 t，极大地节约了淡水资源。

第三节 造纸行业节能提效技术及典型案例

一、行业概述

（一）行业特点

造纸行业是为包装、印刷和信息产业等提供商品材料的加工工业，与国民经济和社会发展密切相关。造纸的生产程序复杂，涉及备料、制浆、废液回收、漂白和造纸等各种工艺步骤，造纸行业的碳排放来源主要包括煤炭、天然气等化石燃料燃烧、生产过程、净购入的电力和热力产生的排放以及污水处理等。

目前，我国造纸工业主要依靠煤炭、天然气等化石能源产生的热力进行蒸煮和制浆，化石能源约占外购能源的80%，而生物质能源在全部能源中的占比不到20%，产生的碳排放总量大，仅次于电力、石化、化工、建材、钢铁、有色金属等高耗能行业，因而成为我国首批纳入碳交易的八大行业之一。

（二）生产工艺

造纸业的工艺流程大致分为原料、蒸煮、洗涤、打浆、配浆、抄造、成纸七个步骤。

（1）原料：造纸原料以麦秸秆、针叶木等为主。

（2）蒸煮：原料在一定压力、温度和湿度的情况下蒸煮，使药液充分渗透进原料，进行原料分解。

（3）洗涤：用水洗浆，不断重复吸水脱水的循环过程，最后只剩下纤维。

（4）打浆：浆料洗涤后成不规则团状，在打浆工段通过揉、搓、分丝帚化，将纸浆打成标准要求的游离状悬浮液。

（5）配浆：配浆过程中纸料的调制为造纸的另一重点，纸张完成后的强度、色调、印刷性的优劣、纸张保存期限的长短直接与它有关。

（6）抄造：抄造工段的过程中抄纸部门的主要工作为将稀的纸料，使其均匀的交织和脱水，再经干燥、压光。

（7）成纸：纸张要经过复卷，裁剪，打包，入库。

（三）行业标准

中国造纸工业在发展产量的同时，更加注重质量的提高，现在不断调整产业结构，淘汰规模小、污染大、能耗高的小型设备，同时积极投入高车速、大幅宽的新型造纸机。2021 年 12 月 22 日，中华人民共和国工业和信息化部〔2021〕33 号公告批准发布了造纸领域 5 项行业标准（见表 2–8）和 4 项计量技术规范（见表 2–9），并于 2022 年 4 月 1 日实施。

表 2–8　造纸领域五项行业标准

序号	标准编号	标准名称	标准主要内容	制修订	实施日期
1	QB/T 5646—2021	烘焙纸	本文件规定了烘焙纸和烘焙原纸的产品分类、要求、试验方法、检验规则、标志、包装、运输、贮存。 本文件适用于以烘焙原纸为基纸经涂硅油后加工而成的供烘、烤、蒸用烘焙纸，也适用于生产烘焙纸用的烘焙原纸	制定	2022-04-01
2	QB/T 5648—2021	数码工程蓝图打印纸	本文件规定了数码工程蓝图打印纸的分类、要求、试验方法、检验规则和标志、包装、运输、贮存。 本文件适用于打印机或复印机专用的数字化输出工程图文信息的单面或双面为蓝色的工程打印纸	制定	2022-04-01
3	QB/T 5649—2021	合成革用花纹热转移纸	本文件规定了合成革用花纹热转移纸的产品分类、要求、试验方法、检验规则和标志、包装、运输、贮存。 本文件适用于以原纸为基础经淋膜或涂布后加工而成的合成革用花纹热转移纸	制定	2022-04-01

续表

序号	标准编号	标准名称	标准主要内容	制修订	实施日期
4	QB/T 5647—2021	装帧纸	本文件规定了装帧纸的术语和定义、要求、试验方法、检验规则及标志、包装、运输和贮存。 本文件适用于各类书籍、证书、礼品盒、装饰盒等用装帧纸	制定	2022-04-01
5	QB/T 5650—2021	一次性纸制卫生用品用复合吸收芯体	本文件规定了一次性纸制卫生用品用复合吸收芯体的术语和定义、产品分类、要求、试验方法、检验规则及标志、包装、运输、贮存。 本文件适用于由非织造布、高吸收性树脂、绒毛浆等组成，经专用机械通过胶合或热合等形式复合而成可独立制备的，供一次性纸制卫生用品用的复合吸收芯体	制定	2022-04-01

表 2-9　造纸领域四项计量技术规范

序号	技术规范编号	技术规范名称	技术规范主要内容	制修订	实施日期
1	JJF（轻工）157—2021	背胶剥离强度测试仪校准规范	本规范适用于背胶剥离强度测试仪的校准	制定	2022-04-01
2	JJF（轻工）158—2021	球形耐破度试验仪校准规范	本规范适用于球形耐破度试验仪的校准	制定	2022-04-01
3	JJF（轻工）159—2021	生活用纸及纸制品掉粉率测定仪校准规范	本规范适用于生活用纸及纸制品掉粉率测定仪的校准	制定	2022-04-01
4	JJF（轻工）157—2021	生活用纸及纸制可分散性测定仪校准规范	本规范适用于生活用纸及纸制品可分散性测定仪的校准	制定	2022-04-01

二、节能技术

（一）磁悬浮透平真空泵技术

1. 技术说明

目前造纸厂一般采用水环式或罗茨式真空泵进行脱水工作，均属于容积式真空泵，用水作为泵的工作液，效率一般在30%左右，较好的可达到50%，由于工作液的存在，在泵体、叶轮等过流部位易产生结垢、腐蚀等现象，维修工作量大。针对此种情况选择磁悬浮透平真空泵代替水环式真空泵，磁悬浮透平真空泵相对于传统的水环式真空泵具有以下优点：磁悬浮透平真空泵采用电磁轴承替代传统机械轴承，消除摩擦，转速高、寿命长、噪声低、效率高；电机转子与叶轮直连，省去联轴器、齿轮箱，减少相关维护量；不需要循环水，节约水资源；不用添加润滑油、更换轴承，维护成本低；使用变频和PLC控制，智能化程度更高，能适应不同真空度、抽气量工作范围。

2. 应用场景

造纸生产过程的本质是对纸张进行大量脱水的操作过程，主要分为网部、压榨部、干燥部三个操作单元，纸页中98%左右的水分经过网部和压榨部的机械作用被脱除掉，其余通过干燥部脱除纸页中多余的含水量。为网部和压榨部提供脱水真空负压环境的真空泵系统，其电耗占纸机总能耗的12% ~ 20%，占总生产成本的3% ~ 6%，因此，造纸厂真空泵系统的节能改造对降低单位产品的能耗具有重要意义。

3. 典型案例

某公司针对纸机生产线真空泵系统，通过优化工艺、升级关键制造设备等措施持续降低能耗，于2019年根据纸机真空系统管路布置的特点及生产工艺对各抽吸点真空度的要求，选用2台磁悬浮透平真空泵替代现有6台水环真空泵的改造方案，通过对比得出采用磁悬浮透平真空泵比水环式真空泵每小时节约用电量269.4kWh，节电率42.99%。改造前后详细对比参数如表2-10和表2-11

所示。磁悬浮真空泵改造现场如图 2-11 所示。

表 2-10 水环式真空泵用电情况

<table>
<tr><th colspan="2">纸类型</th><th>纸机车速（m³/min）</th><th colspan="3">纸机幅度（mm）</th></tr>
<tr><td colspan="2">特种纸</td><td>580 ~ 640</td><td colspan="3">4400</td></tr>
<tr><td>序号</td><td>抽吸点</td><td>铭牌功率（kW）</td><td>铭牌抽气量（m³/min）</td><td>运行真空度（kPa）</td><td>运行功率（kW）</td></tr>
<tr><td>1</td><td>网部</td><td>75</td><td>75</td><td>19.7</td><td>38.8</td></tr>
<tr><td rowspan="2">2</td><td>真空伏辊高</td><td rowspan="2">160</td><td rowspan="2">140</td><td>23.7</td><td rowspan="2">114.2</td></tr>
<tr><td>真空伏辊低</td><td>16.2</td></tr>
<tr><td rowspan="2">3</td><td>真空吸移辊</td><td rowspan="2">160</td><td rowspan="2">140</td><td>42.7</td><td rowspan="2">133.3</td></tr>
<tr><td>真空压榨辊高</td><td>44.6</td></tr>
<tr><td>4</td><td>真空压榨辊低</td><td>90</td><td>115</td><td>39.6</td><td>79.7</td></tr>
<tr><td>5</td><td>一压毛布</td><td>132</td><td>115</td><td>54.1</td><td>114.6</td></tr>
<tr><td rowspan="2">6</td><td>二压毛布</td><td rowspan="2">185</td><td rowspan="2">150</td><td>38.2</td><td rowspan="2">146</td></tr>
<tr><td>三压毛布</td><td>44.5</td></tr>
<tr><td colspan="2">总装机功率（kW）</td><td>802</td><td colspan="2">总运行功率（kW）</td><td>626.6</td></tr>
</table>

表 2-11 磁悬浮透平真空泵用电情况

<table>
<tr><th colspan="2">纸类型</th><th>纸机车速（m³/min）</th><th colspan="3">纸机幅度（mm）</th></tr>
<tr><th colspan="2">特种纸</th><th>580 ~ 640</th><th colspan="3">4400</th></tr>
<tr><td>序号</td><td>抽吸点</td><td>铭牌功率（kW）</td><td>铭牌抽气量（m³/min）</td><td>运行真空度（kPa）</td><td>运行功率（kW）</td></tr>
<tr><td rowspan="3">1</td><td>网部</td><td rowspan="3">300</td><td rowspan="3">370</td><td rowspan="3">43</td><td rowspan="3">189.7</td></tr>
<tr><td>真空伏辊高</td></tr>
<tr><td>真空伏辊低</td></tr>
</table>

续表

纸类型		纸机车速（m^3/min）	纸机幅度（mm）		
特种纸		580 ~ 640	4400		
1	真空吸移辊	300	370	43	189.7
	真空压榨辊低				
2	真空压榨辊高	300	257	54	167.5
	一压毛布				
	二压毛布				
	三压毛布				
总装机功率（kW）		600	总运行功率（kW）		357.2

图 2-11　磁悬浮真空泵改造现场

（二）纤维分离机技术

1. 技术说明

制浆过程采用复合筛通过设置合适孔径的筛网筛板，使合格的物料透过筛孔，筛孔尺寸一般为 0.09 ~ 4.75mm，不合格的杂质由于几何大小大于筛孔被阻挡从而排出，但筛分过程由于纸浆的流量大，容易造成筛网筛板堵塞，大大影响了过筛效率，且耗电量大，一般复合筛所有电机的总运行功率为4.5 ~ 135kW，以运行功率为45kW复合筛为例，年耗电量为32.4万kWh。

纤维分离又称制浆或解纤。在纤维分离过程中，造纸浆料切向进入槽体，在叶轮作用下加速，在槽体内产生涡流，涡流产生的向心力使轻杂物聚集在涡流的中心而重杂物则被甩向槽壁。聚集在槽体中心的轻杂物从安装在前盖上的轻杂物排放管通过阀门间断的排出，甩向槽壁的重杂物与部分浆料一起连续通过重杂物排放管进入重杂物除渣器，经除渣器除去重杂物后的浆料重新送回到进浆管。收集在除渣器杂物槽中的重杂物通过阀门定时排放。纸浆筛分过程，纤维分离机较复合筛分机比，不会出现筛网筛板堵塞情况，无需对筛板筛网进行停机清杂，提高了纸浆的筛分效率。

2. 应用场景

原有的纸浆复合筛在纸浆过滤筛分过程中筛网、筛板容易堵塞，大大影响了筛分效率，且筛分堵塞后，需停机进行人工疏通和清洁，耗时耗力。纸浆复合筛更换纤维分离机后，不仅有效解决了筛网筛板的堵塞问题，且提高了筛分效率，缩短了筛分时间。

3. 典型案例

某公司是一家专业生产高强度瓦楞原纸企业，生产能力为年产15万t高强度瓦楞原纸，年生产300天。

改造前，纸浆过滤筛过程使用复合筛，复合筛运行总功率为45kW，运行时间为300天，全天24h运行，则年耗电量为32.4万kWh。改造完成后，将原有复合筛更换为纤维分离机，通过估算，更换为纤维分离机后，纤维分离机运行总功率为55kW，全天24h运行，企业生产产能不变的情况下，年仅需运行200天，则年耗电量为26.4万kWh，则年可节约用电总量为6万kWh，电价以0.75元/kWh计，则年可节约用电成本4.5万元。纤维分离机如图2-12所示。

图 2-12　纤维分离机

（三）烘缸余热回收技术

1. 技术说明

在纸浆干燥过程中的烘缸由缸体及其两端的缸盖组成，外径尺寸多为 1000 ~ 3000mm，在运转过程中，内通蒸汽将输送的纸张烘干烫光。烘缸主要部件包括辊壳、扰流棒、虹吸管、端盖、人孔盖、轴承、轴头、蒸汽接头等。

烘干原理是从蒸汽接头通入的饱和蒸汽在烘缸内部冷凝，释放出来的热量使得烘缸温度上升，从而将包覆在辊壳表面运行的纸页加热。热量在纸张和烘缸表面的接触中被传递到纸张中。蒸汽释放热量冷凝后产生大量冷凝水，冷凝水余温较高，为 80 ~ 95°C，直接排放到污水处理站造成能源浪费，可对烘缸余热进行回收，余热重新用于纸烘干，减少蒸汽使用量。

2. 应用场景

烘缸冷凝水一般直排进入污水处理站进行处理，未进行余热回收，导致蒸汽用量大浪费，年用蒸汽成本高，加重了企业的生产负担，通过增加余热换热器，对烘缸余热进行回用，回收的余热用于烘干过程，减少蒸汽购入量，降低企业能耗，减少能源成本支出。

3. 典型案例

某公司锅炉产生的蒸汽通过烘缸将纸页烘干，烘干纸页后变成热水回收进入热水槽，此时产生的水温为95°C以上，如无余热回收措施，在此过程中热量会大量浪费，为减少能源浪费，缩减生产成本，现增加回汽换热器，换热器散出的热能通过风机和管道吹到烘缸的纸页上进行干燥，可有效回收烘缸余热，节约能源。

该公司改造完成后，烘缸（见图2–13）内回水温度降至65°C，原烘缸使用蒸汽压力0.2MPa，增加换热器后，烘缸使用压力约为0.18MPa，经估算，可减少蒸汽用量10%。未改造之前，每吨纸烘干需消耗3t蒸汽，安装回汽换热器后每吨纸烘干需消耗2.7t蒸汽，节约量为0.3t。抄纸四车间年可产生2500t纸，则年可节约蒸汽使用750t，根据市场行情，每吨蒸汽单价约220元，年可节约蒸汽成本16.5万元。

图2–13 烘缸设备

（四）污泥处理技术

1. 技术说明

造纸行业生产工艺多变，产品种类众多，以再生纸为例，再生纸以废白纸边为原料，经过高浓打浆机将废白纸边碎解成粗纸浆，进入洗浆池进行洗浆，洗浆后进入浆泵，通过振动筛进行筛选，筛选后物质进入调浆池，然后通过浆泵、抄前筛和浆水混合池得到纸浆。打浆后的纸浆进入抄纸车间进行抄造、烘干、卷取、切选得到成品。生产过程中原材料含有的杂质、泥沙等，最终进入污泥中。现有污泥工艺主要采用污泥压滤机进行压滤处理，压滤的废水循环用于生产工序，污泥通过外售或交于有资质单位处置。

污泥压滤机主要工作原理是将含水污泥经污泥泵输送至污泥搅拌罐，同时投加凝聚剂进行充分混合反应，而后流入带式污泥压布泥器，污泥均匀分布到重力脱水区上，并在泥耙的双向疏导和重力作用下，污泥随着脱水滤带的移动，迅速脱去污泥的游离水。翻转下来的污泥进入超长的楔形预压脱水区将重力区卸下的污泥缓缓夹住，形成三明治式的夹角层，对其进行顺序缓慢预增加压过滤，使泥层中的残余游离水份减至最低，随着上下两条滤带缓慢前进，两条滤带之间的上下距离逐渐减小，中间的泥层逐渐变硬，通过预压脱水大直径的过滤辊，将大量的游离水脱掉，最后通过刮刀将干泥饼刮落，由皮带输送机或运输车运至污泥存放处。

2. 应用场景

一般污泥经普通的压滤机压滤后，再进行填埋或外售处理，但压滤机工作效率低，压滤过后的污泥含水率高达 70%，造成污泥产生量大，含水率高，污泥中的水无法回收利用，现可将污泥压滤机进行更换，更换为高效污泥压滤机，降低污泥含水率，提高水的回用效率。

3. 典型案例

某造纸厂经营范围主要包括箱板纸生产、销售，年生产 300 天。

该造纸厂污泥处理项目是对原有的污泥处理设备进行拆除，新增 300m^2 污泥高压隔膜压滤机一套，并配套建设作业厂房及排水设施等，可有效降低污泥含水率，减少污泥年产量和污泥处置及运输费用，还可回收用水，缩减设备工作时间，节约用电。

该造纸厂污泥处理项目改造前，使用型号为 XMYB140/100UE 的压滤机 2 台，额定功率为 15kW，年运行 300 天，每天运行 10h，则年用电量为 9 万 kWh。年产生含水率 70% 的污泥 4800t，运输及处理单价为 30 元 /t，则年污泥处置及运输费用为 14.4 万元。改造完成后，使用一套型号为

XAZGQFD300/1500-U 的高效压滤机 1 台（见图 2-14），压滤机的额定功率为 22kW，年运行时间 300 天，每天运行 10h，则年用电量为 6.6 万 kWh，年产生含水率 50% 的污泥 2880t，年污泥处置及运输费用为 8.64 万元。

因此，年可节约用电 2.4 万 kWh，电价以 0.75 元 /kWh 计，年可节约用电成本 1.8 万元，年可减少污泥 1920t，年可节约污泥运输及处置费用 5.76 万元，年可节约用水 1920t，水单价为 3.5 元 /t，则年可节约用水成本 6720 元。

图 2-14　污泥隔膜压滤机

（五）连续蒸煮制浆技术

1. 技术说明

纸浆生产中浆料连续蒸煮的工艺，改变传统的间歇蒸煮工艺用汽波动大、有高峰负荷的状况。实现自动化和电子计算机控制，劳动生产率高，汽耗低，纸浆质量稳定。连续蒸煮用汽均匀，避免了高峰负荷，可节约蒸汽 40% 以上。

连续蒸煮系统包括木片喂料系统、蒸煮器系统、蒸煮器热回收系统、黑液过滤系统、蒸煮器冷凝水系统和木片仓排除气体冷凝器系统等。

2. 应用场景

一般纸浆生产中蒸煮工艺为间歇式蒸煮，蒸煮过程耗时长，且蒸煮过程蒸汽消耗量大，大大影响了制浆及后续环节的生产效率，且使用范围有限，制约了企业的生产，通过技术改造连续式蒸煮工艺，不仅提高了蒸煮效率，缩短了蒸煮时间，还节约了蒸汽用量，降低了能源消耗。

3. 典型案例

某公司通过外购桉木片、外购桉木原木为原料，采用硫酸盐法连续蒸煮工艺、无元素氯漂白工艺制备化学浆，采用温和盘磨化学预处理碱性过氧化氢机械磨浆法生产化机浆；同时外购部分漂白针叶浆补充进行造纸生产。项目主要建设原料场及备料车间、制浆车间、造纸车间、碱回收车间、二氧化氯车间、余热电站、污水处理站、空压站、制氧站、净水站等。

硫酸盐法制浆是利用不同 pH 值的亚硫酸盐蒸煮液处理植物纤维原料，制取纸浆的化学制浆方法，该方法脱木素速率快，蒸煮时间较短，且产生的纸浆强度高，品质好，较少发生树脂问题和草类浆的表皮细胞群问题，允许木片中有相当量的树皮，还可从一些材种的蒸煮放气时回收松节油和从蒸煮废液中提取塔罗油等副产品。连续蒸煮锅如图 2-15 所示。

图 2-15　连续蒸煮锅

第四节 商业建筑节能提效技术及典型案例

一、商业建筑概述

（一）行业特点

商业建筑是供人们从事各类经营活动的建筑物，主要包括各类日常用品和生产资料等的零售商店、商场、批发市场；金融、证券等行业的交易场所及供经营管理业务活动的商务办公楼；旅馆、餐馆、文化娱乐设施、会所等各类服务业建筑。商业建筑不同业态用能设备、用能系统同质性较高，但商业建筑能源消耗和碳排放量受地理气候、建筑标准、人口密度、经济水平以及社会文化等许多因素影响较大。

（二）用能特点

商业建筑用能包括水、电、气、热等，其中电能为主要能耗，能耗占比超过 60%。商业建筑每年的电能消耗总量占全国总量的 10%，是主要的电能消耗终端。大部分商业建筑的全年用电量在 100 万 kWh 以上，空调、照明、电梯是商业建筑高能耗设备，其中空调用电量排名第一，占全年用电的 40% ~ 50%。

（三）行业标准

2021 年 6 月，国家机关事务管理局、国家发展和改革委员会联合发布《关于印发〈“十四五”公共机构节约能源资源工作规划〉的通知》中明确提出积极开展绿色建筑创建行动，新建建筑全面执行绿色建筑标准，大力推动公共机构既有建筑通过节能改造达到绿色建筑标准，星级绿色建筑持续增加。加快推广超低能耗和近零能耗建筑，逐步提高新建超低能耗建筑、近零能耗建筑比例。

二、节能技术

（一）电池储能技术

1. 技术说明

储能技术主要指电能的储存。储存的能量可以用做应急能源，也可以在电网负荷低的时候储能，在电网负荷高的时候输出能量，用于削峰填谷，减轻电网波动。目前的电化学储能主要包括电池和电化学电容器的装置实现储能，常用的电池有铅酸电池、铅炭电池、钠硫电池、锂电池、全钒液流电池等。电池储能做为电能存储的重要方式，具有功率和能量可根据不同应用需求灵活配置、响应速度快，不受地理资源等外部条件限制，适合大规模应用和批量生产等优势，使得电池储能在配合集中、分布式系统能源并网，电网运行辅助等方面具有不可替代的地位。

2. 应用场景

电池储能技术作为一种重要的电能储存方式，目前广泛应用于可再生能源并网、电网辅助系统、分布式及微电网、不间断电源以及用户侧（商场、医院、酒店等大型商业建筑体）。

3. 典型案例

某大厦是一座集多功能服务和商场为一体并且采用先进电脑管理系统进行管理的高级写字楼。该大厦目前主要能耗为制冷及制热、照明、电梯系统等，为节省企业用电费用支出，采用电池储能技术建设 2.24MWh 储能项目，项目采用铅酸电池进行充放电，在低谷时段进行充电，尖峰、高峰时段进行放电，实现削峰填谷。图 2-16 为储能项目现场。

图 2-16 储能项目现场

该项目建成后每年可为企业节省电费约 35 万元，以 2020 年 9 月为例说明，如表 2-12 所示。

表 2-12 2020 年 9 月储能效益

站号	放电量总计（kWh）	充电量总计（kWh）	峰值电价（元 /kWh）	谷值电价（元 /kWh）	节省费用总计（元）
并网柜	21109.6	26109.6	1.3147	0.3023	19859.9

（二）光伏建筑一体化发电技术

1. 技术说明

光伏建筑一体化是应用太阳能发电的一种新概念，简单地讲，就是将太阳能光伏发电方阵安装在建筑的围护结构外表面来提供电力。根据光伏方阵与建筑结合的方式不同，光伏建筑一体化可分为两大类：一类是光伏方阵与建筑的结合，另一类是光伏方阵与建筑的集成。在这两种方式中，光伏方阵与建筑的结合是一种常用的形式，特别是与建筑屋面的结合。由于光伏方阵与建筑的结合不占用额外的地面空间，是光伏发电系统在城市中广泛应用的最佳安装方式，因而倍受关注。光伏方阵与建筑的集成是 BIPV 的一种高级形式，它对光伏组件的要求较高。光伏组件不仅要满足光伏发电的功能要求同时还要兼顾建筑的基本功能要求。

2. 应用场景

在“碳达峰、碳中和”目标的催化下，大力发展绿色建筑，有效带动新型建材、新能源、节能服务等产业发展，光伏与建筑相结合是未来光伏应用中最重要的领域之一，其发展前景十分广阔，并且有着巨大的市场潜力。

目前光伏建筑一体化除了公共机构外，商业机构由于用电量较大，参与节能的意愿相对较高，而且具有资金优势，也应该优先发展光伏建筑一体化模式。

3. 典型案例

某大楼光伏建筑一体化示范项目（见图 2-17）共涉及 8 栋建筑的屋顶和墙面，光伏组件面积计 3043.96m²，总容量计 453.69kW。

各屋顶及立面光伏所发电量，经逆变后通过交流配电柜直接与该楼建筑物现有用电负荷相连，满足办公楼区日常用电，不足部分由电网供电，当节假日用电负荷较小时，多余电量送入电网，实现光伏和电网的效益最大化。

项目完成后，每年的发电量约 52 万 kWh，电费按 0.75 元 / kWh 计，则每年可节约费用 39 万元，根据国家统计局标准折标煤系数计算方法每节约 1kWh 电能，相应节约 0.3025kg 标准煤，减排 0.581kg 二氧化碳，通过此项目进行能效优化，每年可节约标煤约 157.3t，减排二氧化碳约 302.12t。

图 2-17　某大楼 BIPV 改造图

（三）磁悬浮变频离心式中央空调机组技术

1. 技术说明

磁悬浮中央空调是指采用磁悬浮变频技术的中央空调，磁悬浮中央空调利用直流变频驱动技术、高效换热器技术、过冷器技术、基于工业微机的智能抗喘振技术，利用由永久磁铁和电磁铁组成的径向轴承和轴向轴承组成数控磁轴承系统，实现压缩机的运动部件，悬浮在磁衬上无摩擦的运动，磁轴承上的定位传感器，为电机转子提供超高速的实时重新定位，以确保精确定位。机组无油运行，运行过程完全无摩擦，无机械损耗，实现负荷变化与机组完全匹配，实现 10% ~ 100% 负荷自由调节，通过 CFD 模拟验证，获得换热器管群换热最优，充分发挥双级压缩效果，利用独立过冷器提高冷媒过冷效果，利用工业级控制器实时采集压缩机运行状态，从而整体提高离心式中央空调的运行效率和性能稳定性。磁悬浮机组相对于传统机组，减少了电机损耗、变频损耗、齿轮损耗和轴承损耗，使输出能量损耗只有 5.5%，相比传统机组损耗 15.8%，磁悬浮离心机组具有明显的节能优势。

2. 应用场景

磁悬浮变频离心式中央空调机组技术为大型离心式中央空调系统，适用于地铁、办公写字楼、酒店、学校、机场等场所的中央空调冷水机组系统。

3. 典型案例

某饭店选用两台 LSBLX300/R4（BP） 型号的磁悬浮中央空调机组，总制冷量达到 2110kW。该项目使用集成变频驱动控制技术，通过变频控制调节电机和叶轮转速，实现冷量大小与实际需求相匹配，在节省能源损耗的同时提高机组低负荷运行时的稳定性。

项目建成后，每年节约电量 21.05 万 kWh，电费按 0.75 元 /kWh 计，则每年可节约费用 15.79 万元，根据国家统计局标准折标煤系数计算方法，每节约 1kWh 电能，相应节约 0.3025kgce，折合减排二氧化碳 0.581kg，通过此项目进行能效优化，每年可节约标煤约 63.68t，减排二氧化碳约 122.301t。

（四）配电室智能化运维技术

1. 技术说明

配电智能运维利用先进的物联网信息化技术对配电室电气运行设备进行24h实时在线监测、集中监控，综合分析配电室设备的各种数据，通过各种接口方式接入配电室的在线监测数据、设备负荷数据、环境监测数据和视频音频信息实现远程巡视，能够快速故障诊断和处理，降低设备维护成本、减少停电损失、提高工作效率。通过大数据分析对用电设备进行合理的调度和有效的监控，合理使用电能，提高效益。消除用户终端配电系统的安全隐患，扫除人工运维盲区，减少故障发生率，延长重要负荷设备使用寿命。

2. 应用场景

配电智能运维系统应用环境广泛，适用于商场、酒店、学校、医院、工厂、各类企事业单位或者人员密集区域等场所，由于不同的现场环境需要配置不同的探测器，智能用电系统可以定制化安装，达到更好的防火防患的效果。

3. 典型案例

某购物中心建筑面积为11万m^2，集休闲、娱乐、餐饮、购物于一体。

目前企业对配电室的维护采用传统人工驻守模式，自动化水平低、无故障预警功能、费时又费力，后通过配电智能运维项目的实施，大大提高了配电系统的安全性和可靠性。图2-18为配电室智能运维示意图。

本项目共1个配电室，项目实施前有9个值班电工，实施后保留了4个值班电工，白天参与日常维修，晚上1人轮流配合水暖工值班，直接降低55.6%的人工成本。自2019年6月投运以来共处理越线报警32次，保护告警8次，经统计，项目实施前从发现故障到故障处理完成的时间约3h，项目实施后通过技术化手段的故障通知、故障定位和故障分析，故障处理总时间缩减为约1h，大大提高了故障处理时间；同时打通了配电系统与集团智慧物业管理系统的数据通道，实现垂直应用与通用管理的有机融合。对集团实现人员集约化管理、精益化的用能管理和集团化管控提供了有力支撑。

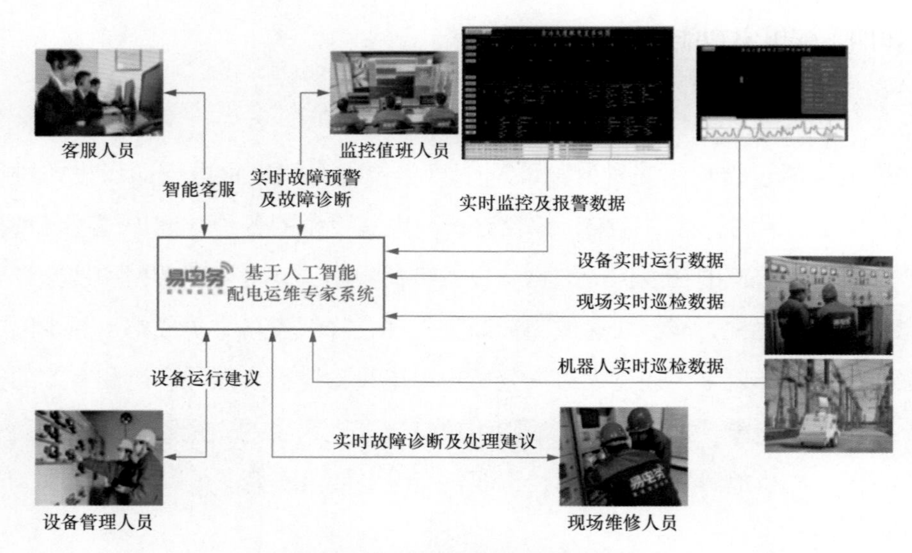

图 2-18 配电室智能运维示意图

第五节　数据中心节能提效技术及典型案例

一、行业概述

（一）行业特点

当前，随着5G、云计算、人工智能等新一代信息技术快速发展，信息技术与传统产业加速融合，数字经济蓬勃发展，数据中心作为各个行业信息系统运行的物理载体，已成为经济社会运行不可或缺的关键基础设施。但数据中心在支撑数字经济快速发展的同时，数据中心作为高能耗行业，对土地资源、电力资源等有较高需求。在“双碳”战略目标的引导、要求下，数据中心的绿色低碳发展是数据中心技术创新和工程建设的重点。

2021年7月，工信部印发《新型数据中心发展三年行动计划（2021—2023年）》，计划用3年时间，基本形成布局合理、技术先进、绿色低碳、算力规模与数字经济增长相适应的新型数据中心发展格局，推动数据中心能效水平稳步提升，电能利用效率逐步降低，可再生能源利用率逐步提高。

（二）用能特点

数据中心的耗能部分主要包括IT设备、制冷系统、供配电系统、照明系统及其他设施（包括安防设备、灭火、防水、传感器以及相关数据中心建筑的管理系统等），IT设备的功耗占比约45%，空调系统的功耗占比约40%，电源系统和照明系统的功耗占比分别10%和5%。国际上通行的数据中心能效衡量指标为电力使用效率值（PUE），指数据中心消耗的所有能源与IT负载消耗的能源之比，PUE值越接近于1，表示一个数据中心的电能使用效率越高。当前，国外先进的数据中心机房PUE值通常小于1.5，而我国的大多数在用数据中心的 PUE 值超过了 2，存在较大的节能提效空间。

（三）行业标准

2021 年底，国家发改委、中央网信办等四部门联合印发《贯彻落实碳达峰碳中和目标要求推动数据中心和 5G 等新型基础设施绿色高质量发展实施方案》，明确提出“全国新建大型、超大型数据中心平均 PUE 降到 1.3 以下，国家枢纽节点进一步降到 1.25 以下，绿色低碳等级达到 4A 级以上”的发展目标。

二、节能技术

（一）背板空调技术

1. 技术说明

背板空调是由安装在数据中心机架背面的冷却盘管、提供冷源的制冷机组和冷却水系统三部分组成。机房冷空气在机柜内部设备风扇的作用下，被吸入机柜并对设备进行降温，吸热后的空气流向安装在机柜背部的冷却盘管，热空气与冷却盘管进行热交换，将热量传递给换热器内的制冷剂，温度降低后的冷空气从背板吹出，完成机房空气循环。根据使用的载冷剂不同，背板空调可以分为水冷背板与热管背板。水冷背板因为采用水作为载冷剂，有漏水的风险。热管背板采用氟利昂作为载冷剂，投资偏高，需二次换热，但提高了机房的安全性。背板空调的冷却盘管更贴近热源，避免了局部热点，其换热量对过冷度、过热度非常敏感，可以通过调节载冷剂量以灵敏调节制冷量，达到节能的目的。

2. 应用场景

背板空调技术做为一种重要的专用空调技术，目前广泛应用于在数据中心机房空调领域，成为未来数据中心空调技术发展的主流方向。

3. 典型案例

某移动计费机房位于大楼 2 层，面积约 550m^2，IT 设备输入功率约为 350kW，机房内设定温度为 23°C，有 8 台送风精密空调。

机房在运行中，局部热点现象较为突出，尤其是小型机机柜附近，在局部热点区域增加了大功率的轴流风机，由于轴流风机结构简单，风压和风量很低，仍不能解决局部热点问题。

为彻底解决局部热点问题，经过多方考察，决定采用“热管背板 + 自然冷源模块 + 冷机”的方式，为机房内局部热点较严重的机柜加装 SIS 热管背板，实现机柜按需供冷。系统室内部分包括 SIS 热管背板及热管工质循环管路系统，室外部分包括 SIS 自然冷却风冷模块、风冷冷水机组（水系统）。

项目建成后，机房消除了局部热点，空调整体能耗降低 20%，当年 7 ~ 9 月平均节约用电 2.3 万 kWh/ 月，按 0.75 元 /kWh 计，则每月可节约费用 1.725 万元。

（二）氟泵多联循环自然冷却机组技术

1. 技术说明

氟泵循环冷媒式自然冷却机组由氟泵、蒸发器（室内冷却器）、冷凝器（室外散热器）等部件组成，耐高压的铜管将之连接成密闭的系统，将一定量的低沸点氟泵循环制冷剂注入系统并在其中循环。

氟泵多联循环自然冷却技术利用氟泵强制循环制冷剂液体，使其流过蒸发器、冷凝器内的流速增加，提高换热效率；蒸发器和冷凝器安装的相对位置和距离不受限制，安装方便、灵活。该技术采用间接利用自然冷源的方式，在不改变原有机房空调结构及制冷系统的基础上，在空调回风口上加装辅助节能产品，实现了双工况复合制冷循环，具有显著节能效果。

2. 应用场景

氟泵多联循环自然冷却技术为数据中心精密空调辅助技术，适用于新建数据中心、在用数据中心节能改造，该技术应用于全年气温有较多时间低于 15°C 的地区。

3. 典型案例

对某通信中心机房空调改装，安装了氟泵节能机（LGJN-60-FB，见图 2-19），与现有空调配合使用，可实现自然冷却和风冷机组组合制冷，亦可各自单独运行，采用高效的换热器和灵活的系统形式，室内机及室外机均采用铝制换热器，通过智能化的控制器，可根据不同的室外温度实现两个系统按需开启与关停。改造完成后，进行了现场调试和能耗数据测试，得出结果是每年约有 3 个月可以全部用自然冷却为机房降温，约有 4 个月自然冷却可与机械制冷联合运行，全年用电量节约 45% 以上。

图 2-19　氟泵节能机

（三）数据中心能耗监测及运维管理系统

1. 技术说明

数据中心能耗监测及运维管理系统可实现对数据中心机房内外的动力系统运行环境实时监控、设备维护与控制、电能质量管理、能源成本整体管理，提高监控的实时性和可靠性、提高能源的使用效率、优化能源成本、增强动力系统的可靠性和有效性。通过对数据中心基础设施动力环境及 IT 基础架构的全面监控及分析，制定出最优策略对各系统进行实时控制，实现数据中心能效最优。

2. 应用场景

数据中心能耗监测及运维管理系统作为数据中心智能化运维系统，确保数据中心安全、高效、环保、稳定的运行，助力维护好机房，及时发现隐患和排除故障，降低管理成本，提高运维效率，控制机房能耗；适用于新建数据中心、在用数据中心改造。

3. 典型案例

某数据中心第一阶段 DCIM 系统工程，建筑面积为 18921m²，第一阶段建设面积 12000m²，共计 3196 个机柜，项目采用 DCIM 系统平台，进行智慧化监控管理，实现信息互通互联、业务协同，为数据中心的长期可靠运行提供决策支撑。

DCIM 管理系统完成后具有以下优势：

（1）实现数据中心基础设施集中监控，全面直观展示数据中心基础设施运行状态，精准定位故障，分析预防故障。

（2）实现数据中心资产全生命周期智能管理，给客户提供面向企业内部统一的资产管理平台，提供机房实物资产自动化盘点工具，并为机房容量管理、配置管理等 IT 服务管理提供数据接口，协助管理员高效运维机房业务。

（3）建立数据中心各物理层级 SPC 容量模型，达到精细分析、处理与显示各层级容量数据。综合 U 空间、供电、制冷、承重、电力口、光口、网口等因素构建容量模型，最大化提升资源利用率。

（4）全面分析数据中心能耗分布，通过能耗对比分析，提供能耗控制措施及自动化节能控制。

（5）提供有效的变更管理工具，实现数据中心规范化流程管理。

（6）展示数据中心各项指标的可用性。

项目建成后，平均每年节约电量 51.9 万 kWh，按 0.75 元 /kWh 计，则年节约电费 38.925 万元，平均每年节水 2600t，每吨水按 4 元计，则每年可节约费用 1.04 万元，综合各项，年节约费用为 39.965 万元。

（四）精密空调节能控制技术

1. 技术说明

精密空调节能控制技术可通过降低压缩机与风机的转速，使单位时间内通过冷凝器和蒸发器的冷媒流量下降。通过在精密空调上增加精密节能控制柜，把压缩机、室内风机的供电先经过节能控制柜，通过节能控制柜采集室内的温度信号，再由节能控制柜的控制器输出相应控制信号给一个总的变频器，进而控制这两器件的工作频率，达到降低能耗的目的。

2. 应用场景

精密空调节能控制技术作为一种重要的精密空调辅助技术，目前广泛应用于数据中心机房多台精密空调机组节能改造，安装快速、简易，节能改造效果突出，市场前景广阔。

3. 典型案例

某数据中心机房面积达 550m^2，额定制冷量为 1000kW；共 19 列机柜组成 10 个冷通道封闭，总机架数量约 300 架，IT 设备实际功率为 403.4kW。

项目改造前，空调机组调节主要依靠人为经验，缺少精细化管理，空调制冷量无法精准匹配环境所需温度，且空调故障率高。

为了节能降耗，项目采用空调节能控制柜 XVAC 系列产品共 10 台，一对一完成精密空调（见图 2-20）改造，实施周期 20 天。

项目建成后，空调的故障率从一年 48 次降到一年 3 次；IT 设备进风平均温度从（27±2.0）°C 下降到（23±0.5）°C。日均节能量为 1331.2kWh，节能率高达 21.6%；年可节电 48.6 万 kWh，折合标煤 147.02tce。

图 2-20 精密空调

（五）数据中心机房空调群控技术

1. 技术说明

群控技术基于 AI 和大数据技术，通过大数据与 AI 的结合、软件与硬件的协同，实现了数据中心制冷系统的智能化，所采用的关键技术包括大数据采集、数据治理及特征工程、神经网络、遗传算法。

（1）大数据采集。通过各类传感器对数据中心机房供电系统、制冷系统、环境参数等进行采集。

（2）数据治理及特征工程。利用数学工具对采集到的原始数据进行数据治理，为后续的模型训练提供优质的数据基础，特征工程的目的是从海量的原始数据中找出影响 PUE 的关键参数。

（3）神经网络能效模型。针对数据中心制冷效率提升遇到的瓶颈，采用深度神经网络，利用机器学习算法可以找到不同设备、不同系统之间参数的关联关系，利用现有的大量传感器数据来建立一个能效模型。

（4）遗传算法进行推理决策。遗传算法又称贪婪算法（或贪心算法），利用输入的能效模型和实时采集的运行数据，采用遗传算法，通过参数遍历组合、业务规则保障、制冷能耗计算及最优策略选择等步骤，最终找出最佳的运行策略。

2. 应用场景

《贯彻落实碳达峰碳中和目标要求推动数据中心和 5G 等新型基础设施绿色高质量发展实施方案》中明确提出“新建大型、超大型数据中心平均 PUE 降到 1.3 以下，绿色低碳等级达到 4A 级以上”“逐步对电能利用效率超过 1.5 的数据中心进行节能降碳改造”。群控技术已应用于多个大型数据中心，实现了数据中心制冷智能化，该技术可有效降低数据中心 PUE8% ~ 15%，达成节能降耗的绿色目标。

3. 典型案例

某公司智慧云数据中心机房属于新建项目，配置了 50 台 SpaceShieldsTM

系列精密空调，单台制冷量 100kW，N+1 冗余配置，保持（22±2）°C 恒温、40% ~ 60% 恒湿，空调设备独立安装，与机柜区域分离。

智慧云数据中心机房采用空调群控技术，利用大数据采集、数据处理及特征工程、神经网络能效模型、遗传算法推理决策等关键技术，通过安装智能电表、压力 / 压差传感器、水温传感器、流量传感器、室外干球 / 湿球温度传感器等各类传感器，可以实现可视化供配电链路和制冷链路，实时采集用于看诊调优的数据，为能耗分析和制冷系统分析提供数据支撑；通过能耗分布识别节能空间，利用机理算法提供能效诊断和调优；通过“AI 模型训练 +AI 数据推理”，找出最佳的运行策略，使制冷系统运行最优，在项目建成正式运行后，智慧云数据中心的 PUE 值略高于 1.3，符合国家相关产业政策。图 2-21 为智慧云数据中心配电室。

图 2-21 智慧云数据中心配电室

第六节 医药制造业节能提效技术及典型案例

一、行业概述

（一）行业特点

医药制造业是技术密集型行业，研发能力是医药制造企业的核心竞争力，对企业的发展起着决定性的作用。医药制造行业具有跨专业应用、多技术融合、技术更新快等特点，集中体现在技术开发能力、化学合成能力、核心催化剂的选择、工艺控制等方面，不断研发新产品、优化现有工艺，不仅是医药制造企业生存发展的关键，更是推动整个医药制造行业不断进步和发展的原动力。随着人口老龄化趋势明显，政府持续加大对医疗卫生事业的投入，国民可支配收入的增加，医药科技领域的创新与发展，人们医疗保健意识的增强，我国医药产品需求市场在未来几年将保持增长，医药行业将保持持续发展。

（二）生产工艺

医药制造业包含化学药品原药制造、化学药品制剂制造、中药饮片加工、中成药制造、兽用药制造、生物生化制品的制造、卫生材料及医药用品的制造等分行业。

非无菌原料药精制、干燥、包装工艺流程如图 2-22 所示。

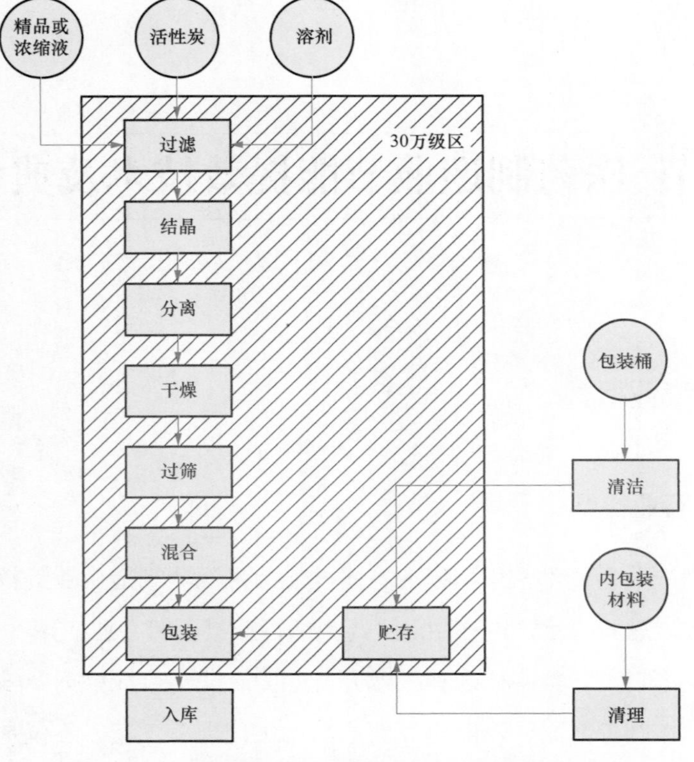

图 2-22　非无菌原料药精制、干燥、包装工艺流程

（三）行业标准

药品标准根据药物自身的性质、来源与制备工艺、储存等各个环节制定的，用以检测其药品质量是否达到标准规定。国家药品标准主要由《中华人民共和国药典》、国务院药品监督管理门颁布的标准、药品注册标准组成。其主要内容包括药品质量的指标、检验方法以及生产工艺等技术要求。政府在对药品的生产、流通、使用过程实施管理中必须以药品标准作为技术标准，以确保各环节的操作具有严肃性、权威性、公正性和可靠性。

二、节能技术

（一）反应釜升级改造技术

1. 技术说明

反应釜是制药行业最基础的反应设备之一，反应釜设计的主要内容包括：反应釜及夹套的强度、刚度、稳定性计算和结构设计；反应釜的支座、视镜选型；搅拌轴及搅拌浆的尺寸设计；设计机架和低盖的结构和尺寸等。根据釜体材质可分为碳钢反应釜、不锈钢反应釜及搪玻璃反应釜、钢衬反应釜。制药行业主要使用的是不锈钢反应釜及搪玻璃反应釜，其容积为 0.01 ~ 45m^3。

反应釜的工作原理是通过反应釜夹层，注入恒温的（高温或低温）热媒或冷媒，对反应釜内的物料进行加热或制冷。同时可根据使用要求在常压或负压条件下进行搅拌反应。物料在反应釜内进行反应，并能控制反应溶液的蒸发与回流，反应完毕，物料可从釜底的出料口放出。反应釜内部的搅拌轴及搅拌桨效率的高低大大影响着反应釜内部物料的反应效率，因此，高效的搅拌轴或搅拌桨可使反应过程更充分，且有效缩短反应时间，节约反应釜的能耗。

2. 应用场景

原有普通反应釜内部搅拌轴为桨式或锚式搅拌轴，反应釜反应过程中，通过该搅拌轴促进反应进行，但普通的桨式或锚式搅拌轴搅拌效率低，容易出现反应不充分、搅拌时间长、反应效率低等问题。现可通过改善反应釜内部搅拌轴的形式来提高反应效率，缩短反应时间，降低能耗。

3. 典型案例

某制药厂进行反应釜升级改造（见图 2-23），购置新型反应釜 3 台，配套相关管道、电机等，将原有旧款反应釜更换为新款反应釜，新款反应釜内的搅拌轴更新为桨锚复合式搅拌轴，使得物料搅拌更充分，搅拌效率更高，搅拌时间缩短。通过估算，原有 1 台反应釜额定用电量为 4.8kWh，每年工作时间为 3200h，则 3 台反应釜总用电量每年约为 4.61 万 kWh，改造完成后，通过估算，

3 台反应釜额定用电量为 4.2kWh，年工作时间为 3200h，则每年总用电量为 4.1 万 kWh，可节电 0.51 万 kWh，可减排 CO_2 约 4.2t，且改造完成后，减少了搅拌时间，搅拌时间从 30min 可缩短至 25min，提效 16.7%，同时，减少了蒸汽用量，通过估算，每天可节约天然气用量约 $25m^3$，年生产 200 天，则每年可节约天然气 $5000m^3$，每年综合经济效益约 1.7 万元。

图 2-23　反应釜改造图

（二）制冷机改造技术

1. 技术说明

制冷机可分为压缩式制冷机、吸收式制冷机、蒸汽喷射式制冷机、半导体制冷机等。压缩式制冷机依靠压缩机的作用提高制冷剂的压力以实现制冷循环，吸收式制冷机依靠吸收器－发生器组的作用完成制冷循环，蒸汽喷射式制冷机依靠蒸汽喷射器的作用完成制冷循环，半导体制冷机利用半导体的热—电效应制取冷量，现主要使用的制冷机为压缩式制冷机，压缩式制冷机由于结构形式不同，又分活塞式、螺杆式和离心式，现普遍使用的是活塞式制冷机，但活塞制冷机使用成本高，耗能高，现逐渐被螺杆式制冷机所替代。

螺杆式制冷机工作原理是压缩机运转抽取蒸发器中的气态制冷剂，使蒸发器内压力降低，再将低压气态制冷剂压缩至高压，制冷剂温度较高，通过风或水冷却高压气态制冷剂变成高压液态制冷剂，在蒸发器与冷凝器之间设置节流装置，使得高压制冷剂通过时，压力瞬间降低，同时由于压缩机不断抽气，降低了制冷剂的饱和温度，蒸发器内低压制冷剂不断沸腾吸热，因此，通入蒸发器的水，热量被吸走，出蒸发器时温度降低。

2. 应用场景

活塞式制冷机优势是技术成熟，效率高，使用温度范围广，可制成大中小型各种规格产品，但缺点也比较明显结构复杂笨重，易损件多，占地面积大，投资较高，使用周期较短，且功率损失大，耗电量大。而螺杆式制冷机适用范围较广，可适应不同制冷剂，可根据不同的制冷剂和使用工况条件，配用不同容量的电动机，单机头机组制冷量可达 200 万 kcal 以上，方便高效。

3. 典型案例

某公司进行制冷机改造（见图 2–24），购置 2 台 136kW 的螺杆式制冷机，配套相关管道、电机等。原有 2 台额定功率为 160kW 的活塞式制冷机，该制冷机使用过程中能耗高，每年使用 300 天，全天 24h 使用，经估算，每年用电量为 230.4 万 kWh/a，耗电量大，且工作效率低；现更新为 2 台 136kW 的螺杆式制冷机，每年使用 300 天，全天 24h 使用，则用电量为 195.84 万 kWh，则每年可节约用电 34.56 万 kWh，可减排二氧化碳约 200.79t，综合经济效益约 26 万元。

图 2–24　螺杆式制冷机改造

（三）曝气风机改造技术

1. 技术说明

制药行业生产过程中产生大量生产废水，废水经厂内或厂外污水处理站处理达标后再排放，因此，污水处理站曝气风机的作用尤为重要，曝气风机的主要作用有：为活性污泥充氧，制药行业的污水处理多采用“酸化曝气 + 氧化水解 + 厌氧生化 + 生物接触氧化”的工艺，活性污泥处理污水采用的是好氧菌，需依靠好氧微生物来吸收水中的有机物，并进行氧化分解和自身繁殖，此过程需通过曝气风机将空气中的氧输送至水中；搅拌混合作用，通过往污水中充入空气，可使得活性污泥悬浮于曝气池中，与污水充分接触，提高了污水的处理效率。因此，曝气风机的工作效率大大影响着污水处理效率，但曝气风机的满负荷或超负荷运转又加大了生产成本，耗能严重，因此，改善曝气风机的工作方式，不仅可提高污水处理效率，还可节能降耗。

2. 应用场景

普通的曝气风机为罗茨鼓风机，噪声较大，压力高，风量大，且常因空转耗电量大，可对曝气风机进行改造，将罗茨鼓风机更换为离心鼓风机，且同时加装变频器，离心鼓风机噪声低、效率高、风量大、振动小，且变频器可有效控制风机转速，降低能耗。

3. 典型案例

某公司进行曝气风机改造，购置 2 台高效离心鼓风机、1 台中型高效变频器，配套相关管道、电机等。改造前原有曝气风机为罗茨鼓风机，额定功率为 37kW，全天 24h 运行，每年使用时间为 300 天，则每年用电量为 53.28 万 kWh，现将罗茨鼓风机更新为高效离心鼓风机（见图 2–25），且在离心鼓风机一侧加装一台中型高效变频器，风机额定功率为 37kW，经估算，平均运行负荷约仅为原有风机运行负荷的 80%，全天 24h 运行，每年使用时间为 300 天，则每年用电量为 42.62 万 kWh，因此，改造完成后，每年可节电约 10.66 万 kWh，可减排二氧化碳约 61.93t，综合经济效益约 10 万元。

图 2-25　离心鼓风机

（四）尾气处理系统升级改造技术

1. 技术说明

制药行业使用的原辅料多为有机物，如乙酸乙酯、四氢呋喃、甲醇、乙醇、丙酮等，药品生产过程中，反应釜、计量罐、中间储罐、结晶罐、洗涤罐、离心机、干燥机等设备使用过程中会产生大量的有机废气，现有治理工艺是通过“多级冷凝装置进行冷凝 + 水洗或碱洗 + 活性炭进行吸附脱附”或通过“多级冷凝装置进行冷凝 +RTO 燃烧”，但现有的冷凝装置一般设置在前端，且为风冷冷凝器，活性炭吸附脱附装置内部的活性炭为活性炭颗粒，吸附效率低，导致大量的可回收物料浪费，因此，可通过对该尾气处理系统进行升级改造，将原有处理装置由“冷凝器 + 一套碱洗塔 + 水洗涤塔 + 活性炭颗粒吸附脱附装置”改造为“一套碱洗塔 + 水洗涤塔 + 前处理 + 活性炭纤维吸附脱附 + 回收冷凝系统”，提高尾气处理效率，将尾气中可回收物料进行回收。图 2-26 为尾气处理工艺流程。

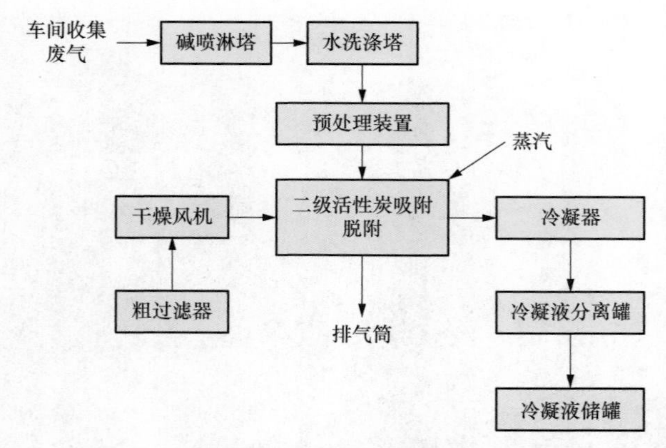

图 2-26 尾气处理工艺流程

2. 应用场景

制药行业现有尾气处理工艺主要是通过风冷冷凝器回收尾气中的物料，尾气中的不凝气最后通过活性炭吸附脱附装置进行吸附解析脱附，但风冷冷凝器散热性差，且容易受灰干扰发生堵塞，冷凝效率较低，且现有的吸附脱附装置采用的是活性炭颗粒吸附箱，吸附效率低，导致大量物料浪费。因此，可通过对尾气处理系统进行升级改造，将现有风冷冷凝器更新为水冷冷凝器，将活性炭颗粒吸附箱更换为活性炭纤维吸附箱，可有效提高物料的回收效率。

3. 典型案例

某公司进行尾气处理系统升级改造，购入预处理器、碳纤维吸附脱附装置、干燥预处理器、仪表及控制系统等。改造方案是将原有处理装置由“冷凝器 + 一套碱洗塔 + 水洗涤塔 + 活性炭颗粒吸附脱附装置”改造为“一套碱洗塔 + 水洗涤塔 + 前处理 + 活性炭纤维吸附脱附 + 回收冷凝系统”。废气处理装置前期处理设施“一套碱洗塔 + 水洗涤塔”不变，原有 1 个活性炭吸附箱更换为 3 个活性炭纤维吸附箱，共用 1 套管路系统，运行时相互切换。生产过程中，含有机溶剂的废气先进入 1 号吸附器，再进入 2 号吸附器，3 号吸附器再生；当 1 号吸附器吸附饱和后，废气先进入 2 号吸附器，再进入 3 号吸附器，1 号吸附器再生；当 2 号吸附器吸附饱和后，废气先进入 3 号吸附器，再进入 1 号吸附器，2 号吸附器再生；以此类推。脱附干燥再生工序也是依次进行。吸附运行时，含有机溶剂的废气由吸附器下部进入，在吸附器内，废气穿过碳纤维层，其中的有机溶剂被炭纤维吸附下来，净化后的气体由吸附器顶部排出，再经烟囱达标排放。脱附介质采用水蒸汽，由吸附器顶部进入，穿过碳纤维层，将被吸附浓缩的有机溶剂脱附出来并带出吸附器带入冷凝器。解析蒸汽经过冷凝后，有机溶剂和水蒸汽的混合物被冷凝下来流入分层罐，经过分层罐分层后，有机溶剂层进入回收储罐，进行回收使用，经估算，每天平均回收乙酸乙酯 95.7L，每年使用时间为 300 天，则可回收乙酸乙酯约 2.87 万 L，常温常压下，乙酸乙酯密度为 0.897g/mL，则每年可回收乙酸乙酯 25.753t，乙酸乙酯市场价约为 15000 元 /t，则每年可节约乙酸乙酯成本约 38.63 万元。

（五）升膜多效蒸发技术

1. 技术说明

升膜多效蒸发技术是升膜蒸发技术和多效蒸发技术的融合体，具有效率高、稳定性强的特点，其优点有：升膜多效蒸发技术换热稳定，换热原部件热胀冷缩频率、幅度小，金属疲劳度小，设备寿命长；设备占地面积小，运行稳定、散热少、无噪声；不需要冷却水、冷凝水，浓缩水排放温度低；设备流程简洁，易于运行控制；设备属于静态设备，故障率低、维护成本低。

2. 应用场景

目前制药企业的注射制药用水多采用蒸馏水机制备，即蒸馏法，蒸馏法是较为传统的方法，效率低下，在竞争日益严峻的医药行业，注射制药用水在保证水质符合要求的前提下，还需考虑运行成本，在环保压力越来越大的今天还必须考虑制备过程的环保及数值，过滤膜、反渗透膜的固废处理，所以对注射制药用水方法的升级改造势在必行。

3. 典型案例

某公司是一家以大容量注射剂生产为主的综合型制药企业，注射用水由蒸馏水机制备，热源为工业蒸汽，用户的工业蒸汽由自备锅炉生产。为降低企业成本，减少蒸汽使用量，企业决定用升膜多效蒸馏水机（见图 2-27）替换原有两台 5000L/h 的蒸馏水机，项目完成后每年可节约蒸汽 1.2 万 t，每吨蒸汽按 270 元计算，则每年节约费用 324 万元。

图 2-27　升膜多效蒸馏水机安装图

第七节 纺织行业节能提效技术及典型案例

一、行业概述

（一）行业特点

纺织业（见图 2–28）是我国具有优势的传统支柱产业之一，是科技和时尚融合、生活消费与产业应用并举、劳动密集程度高和对外依存度较大的产业。近年来，纺织业发展面临的风险挑战明显增多，在“双碳”战略目标的引导下，全行业坚持深化供给侧结构性改革，转变方式、优化结构、转换动力，努力克服经济下行风险压力，景气指数及生产情况大体平稳，为全行业绿色低碳发展奠定了良好的基础。

“十三五”期间，服装、家纺及产业用三大终端产品纤维消耗量比重发生变化，2015 年为 46.4∶28.1∶25.5，而 2020 年为 40∶27∶33。纺织业用能结构持续优化，二次能源占比达到 72.5%，能源利用效率不断提升，万元产值综合能耗下降 25.5%，万元产值取水量下降 11.9%，其中，印染行业单位产品水耗下降 17%，水重复利用率从 30% 提高到 40%，废水排放量、主要污染物排放量累计下降幅度均超过 10%。

图 2–28 纺织行业

（二）生产工艺

纺织业主要是将化学纤维和天然纤维（棉花、羊绒、羊毛、蚕茧丝、羽毛羽绒）等上游原料通过纺纱、织布、印染等工序形成下游服装、家纺、产业用纺织品的生产过程；纺织业主要包括棉纺织、麻纺织、毛纺织、化纤、丝绸、纺织品针织、印染等子行业。

纺织业在所有制造业中最为复杂，相当分散，异质性高，大多数企业为中小企业。纺织工业的特性很复杂，因为它使用众多不同的衬底、工艺、机械、配套组件与完工步骤。生产一块成品布要整合不同类型的织布或纱线、不同的织布生产方法，以及不同的染整工艺（准备、印花、染色、化学 / 机械整理加工、涂层）。如图 2-29 所示，将原料转化成一块成品布所用不同纺织工艺的流程图。

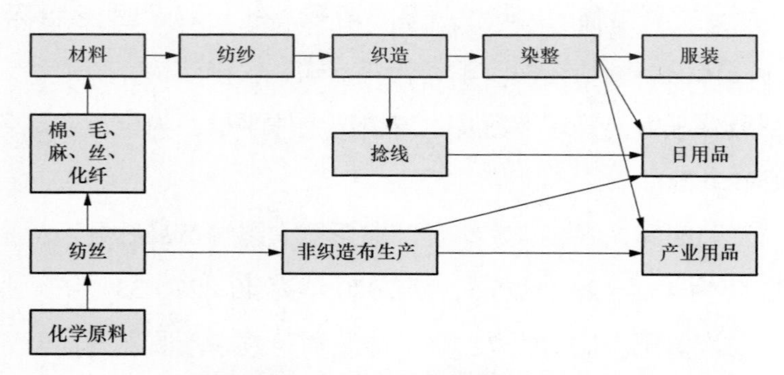

图 2-29　纺织业工艺流程示意图

（三）行业标准

中国纺织工业联合会发布的《纺织行业“十四五”发展纲要》中指出，到“十四五”末，服装、家纺、产业用三大类终端产品纤维消费量比例达到 38∶27∶35，规模以上纺织企业研究与试验发展经费支出占营业收入比重达到 1.3%，纤维新材料创新水平继续提升，高性能纤维自给率达到 60% 以上，纺织业用能结构进一步优化，能源和水资源利用效率进一步提升，单位工业增加值能源消耗、二氧化碳排放量分别降低 13.5% 和 18%，印染业水重复利用率提高到 45% 以上；生物可降解材料和绿色纤维（包括生物基、循环再利用和原液着色化学纤维）产量年均增长 10% 以上，循环再利用纤维年加工量占纤维加工总量的比重达 15%。

二、节能技术

（一）工业用复叠式热功转换制热技术

1. 技术说明

工业用复叠式热功转换制热技术采用梯级换热和热泵集成创新技术，废水先经板式换热器与清水进行热交换，后经热泵机组降到室温后排放，具有一定热量的清水再经热泵机组加热后进入热水箱，可提取工艺废水余热中 75% 以上的能量，供生产使用，同时还可用于夏季废水降温，余热回收后的废水温度可降到 20 ~ 25°C。该技术配有板式换热器自动清洗装置，效率下降时，可选择对应的化学介质对系统进行自动清洗，且配有免维护过滤器，可解决印染废水中的绒毛过滤和浆料堵塞等问题，实现控制系统自动化，与物联网 5G 平台结合，实现系统设备信息实时传输远程操作控制。图 2-30 为工业用复叠式热功转换机组。

图 2-30 工业用复叠式热功转换机组

2. 应用场景

目前，印染业对于工艺废水的余热回收普遍采用换热器进行简单的换热来制备热水，其问题是：不能充分提取污水中的热量，热交换后的废水温度仍然较高，有时高达40°C，浪费大量热能；排放的污水温度很高，会破坏污水处理中生化细菌的生存环境，不能有效地对污水进行生化处理，排放不达标。工业用复叠式热功转换制热技术从技术角度既可以充分提取排放废水中的热量，还可减少蒸汽、电等能源用量，适用于印染、轻工等行业高温废水余热利用。

3. 典型案例

某公司经营范围包括纺织品的印染及后整理、纺纱等，年生产300天。

该公司余热利用项目涉及的洗涤生产线每天排放70 ~ 80°C废水280 ~ 360t，浪费大量热能，且排放污水温度高，影响污水处理，同时生产线需要工艺生产热水。项目新装复叠式热功转换制热机组设备、安装过滤系统、换热系统、管路、仪器仪表自动化，实施周期1.5个月。

项目建成后，每天可处理280 ~ 360t废水，处理后废水排放温度为20°C左右，每天可生产60 ~ 70°C热水280t左右，折合每天节约标准煤2.4t，按年运行300天计算，每年节约标准煤0.072万t，年减排二氧化碳约0.20万t，综合年效益80万元。

（二）超低浴比高温高压纱线（拉链）染色机节能改造技术

1. 技术说明

超低浴比高温高压纱线（拉链）染色机（见图2-31）节能改造技术采用离心泵和轴流泵的三级叶轮泵和短流程冲击式脉流染色技术，实现超低浴比（1∶3）、高效率染色。冲击式脉流染色可在超低浴比下进行，染液不浸泡纱锭，减少染料助剂用量。纱锭与染液由于不浸泡在水中，减少了纱锭渗透阻力，加快染色交换速度，并且有利于均匀染色和缩短染纱时间。同时该技术由于大幅降低浴比，减少了循环水泵的电耗和加热蒸汽的使用量，达到了节能减排的目的。

图 2-31　超低浴比高温高压纱线染色机

2. 应用场景

目前国内印染企业使用的染色机普遍存在浴比大、能耗高、污染物排放大、使用染料助剂多、工艺落后、染色周期长、操作繁琐等问题，节能减排潜力巨大。染色机的技术和工艺直接影响纺织服装面料的质量，染色机技术工艺的先进性将影响节能和减排量。超低浴比高温高压纱线（拉链）染色机的作用是进行纱线、化纤、拉链、织带染色，适用于纺织印染行业纱线、棉纱、羊毛、化纤、拉链、织带等织物染色工序。

3. 典型案例

某公司经营范围包括生产经营各种筒子纱、胚布、杂色布等，年产量约 1.7 万 t，年生产 300 天。

该公司现有 31 台超低浴比高温高压纱线染色机，年产纱线 1.2 万吨。项目对 31 台超低浴比高温高压纱线染色机进行技术改造，新装 XL 型染缸 31 台，将原设备基础改造成 XL 型基础，实施周期 1 年。

超低浴比高温高压纱线染色机属于新型智能化低浴比高温高压染纱新技

术，运用蒸汽的多级利用、染色机机身的保温以及冷凝水余热利用等技术，达到提高能源利用率和降低能耗的目的，改造完成后，经估算，每台染色机每天可节约电、蒸汽等能源用量，折合标煤约 1.506t，共计每年节能量折标煤约 1.4 万 t，每年减排 CO_2 约 3.7 万 t，节省能源成本 2586 万元，纱线生产成本降低 1500 ~ 2527 元 /t。

（三）基于智能化控制的蒸汽高效利用技术

1. 技术说明

基于智能化控制的蒸汽高效利用技术采用高精度电磁流量计、压力变送器、温度综合检测和比例阀控制等形式，对蒸汽压力进行智能化控制，在汽压变化、车速变化、品种更换或停车时，压力自动跟随控制。在蒸汽总管路和各用汽点上安装气动比例阀调节用汽流量，同时安装反馈传感器（压力、流量、温度）构成全闭环控制系统，各用汽点压力可单独设定并调节。该技术可有效实现蒸汽管网压力在线检测与控制，蒸汽压力由人工模糊控制转变为定量控制，将蒸汽压力控制在合理范围内，提高蒸汽使用效率，极大节省印染蒸汽用量。图 2-32 为高效蒸汽回收系统。

图 2-32　高效蒸汽回收系统

2. 应用场景

印染企业的生产加工能耗以蒸汽热能为主，用于烘燥、洗涤、蒸煮、高温热处理等工序，占印染总能耗 80% 以上。据统计，我国纺织印染行业的年总能耗超过 6000 万 tce，由于高温排液量大，热能利用率只有 35% 左右，造成能源的极大浪费。基于智能化控制的蒸汽高效利用技术可有效实现蒸汽管网压力在线检测与控制，蒸汽压力由人工模糊控制转变为定量控制，在保证工艺稳定的同时，极大节省印染蒸汽用量，对印染企业实现转型升级、提高经济效益具有重要作用，帮助企业从源头上实现节能减排。

3. 典型案例

某公司经营范围包括高档织物面料的印染、针织布的印染、服装等，年生产 300 天，年产印染布 5000 万 m。

该公司对蒸汽供气系统进行智能化改造，安装高精度电磁流量计、压力变送器、气动比例阀、反馈传感器（压力、流量、温度）等构成全闭环智能蒸汽控制系统，通过网络化管控软件实现蒸汽管网压力在线检测与控制，实施周期为 1 个月。

项目改造完成后，可有效实现蒸汽管网压力在线检测与控制，蒸汽压力由人工模糊控制转变为定量控制，极大节省印染蒸汽用量，经估算，每天节约蒸汽约 51t，折合标煤约 6.573t，每年共计节约蒸汽约 1.53 万 t，折合标煤约 0.2 万 t，年减排 CO_2 约 0.52 万 t，年综合经济效益约 420 万元。

（四）高效翼型轴流风机节能技术

1. 技术说明

高效翼型轴流风机（见图 2-33）节能技术采用独特的高升阻比先进翼型技术，气体由一个攻角进入叶轮，在翼背上产生一个升力，同时在翼腹上产生一个大小相等方向相反的作用力使气体排出；叶片与叶柄采用过度扭曲矩形连接方式，有效降低风机叶轮旋转时的流动阻力；叶片长度比传统叶片增长，过风面积增大，增强叶片做功能力，减少无用功耗，降低同等工况下的轴功率损失；采用航空特殊铝镁合金材质，比重轻，可减小叶轮自重耗能。通过上述手段，实现空调风机综合节电的效果。

图 2-33 高效翼型轴流风机

2. 应用场景

据统计，纺织业通风设备能耗占企业总能耗的 21% ~ 28%，如果使用节能风机技术对纺织空调风机进行改造，一般节电率可达 10% 以上。高效翼型轴流风机节能技术适用于纺织业各工序通风换气、温湿度送风调节、回风系统、回风再利用环节、车间风量平衡补充、温湿度自控调节等环节。

3. 典型案例

某公司经营范围包括纺纱加工、面料纺织加工、针纺织品销售等，拥有 30 万纱锭、3000 头全自动气流纺和 1500 台织机。该公司对现有的 102 台轴流风机叶轮进行新型节能叶轮更换改造，以实现风机增加风量、降低电流、节约能耗的目的，实施周期为 2 个月。

项目改造完成后，经测算，每台风机每天节电约 56kWh，按每年运行 300 天计算，共计年节电约 171 万 kWh，折合标煤约 517.28t，每年减排 CO_2 约 993.51t，年综合经济效益约 133 万元。

第八节　印刷行业节能提效技术及典型案例

一、行业概述

（一）行业特点

与其他行业相比，印刷行业（见图 2-34）自身特点较多，生产方式特殊，必须按任务单组织生产，印刷出的成品只能专属于某客户，不能更换和处理；产品种类繁多，定货量无论大小，都要分别对待，排产、核算工作量大；客户个性化要求高，产品要求时效性高，若不能按期交货，可能使产品报废，给企业带来巨大损失；原材料成本比重高，这就要求加强对原材料的采购管理，对供应商进行价格和质量认证；各环节相互制约性强等。

作为文创产业的一个环节，中国印刷业正在积极拓展印刷产业链，力求通过进行产业结构调整，从传统的低端制造业走向高端服务业，从以加工业为主延伸到创意设计，推进印刷业向具有高附加值、文化价值、经济价值和具有低碳环保、生态发展特征的现代服务业转型。

图 2-34　印刷行业

（二）生产工艺

印刷是一种对原稿图文信息的复制技术，最大的特点是能够把原稿上的图文信息大量、经济地再现在各种各样的承印物上，而其成品还可以广泛流传和永久保存，这是电影、电视、照相等其他复制技术无法与之相比的。印刷的生产工艺流程可分为印前处理、印刷成品和印后加工三大步骤。

（1）印前处理。印前处理指印刷前的工作，一般包括摄影、设计、制作、排版、输出菲林打样等。首先选择或设计适合印刷原稿，然后对原稿的图文信息进行处理，制作出供晒版或雕刻印版的原版，再用原版制作供印刷用的印版。

（2）印刷成品。此步骤是通过印刷机印刷出成品的过程。将晒好的 PS 版固定到印刷机的胶辊上，调校油墨、开机印刷。除了选择适当的承印物及油墨外，印刷品的最终效果还是需要通过适当的印刷方式来完成。

（3）印后加工。通常印后加工有印后覆膜、压痕、折页、裱糊、UV、装订、凹凸、烫金等工艺。

图 2-35 为印刷行业工艺流程。

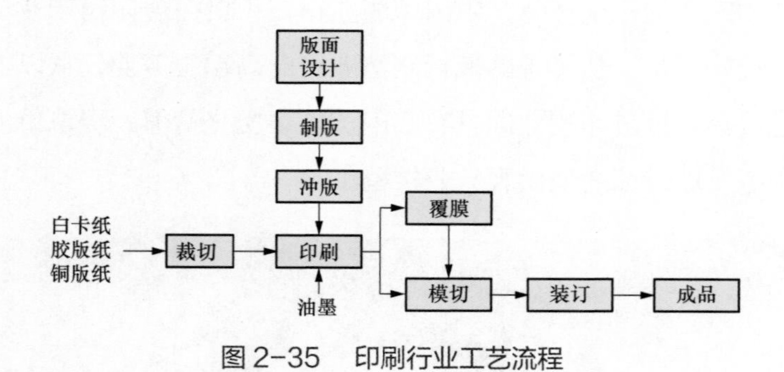

图 2-35 印刷行业工艺流程

（三）行业标准

依据《中华人民共和国产品质量法》第三条：生产者、销售者应当建立健全内部产品质量管理制度，严格实施岗位质量规范、质量责任以及相应的考核办法。印刷行业有以下行业标准规范。

（1）外观：外观是首要的，必须版面干净，不能存在褶皱、不存在油腻、无墨皮，无明显的脏迹；其次是色调，应基本一致；然后是文字，线条光洁、完整、清晰，位置准确；最后是尺寸要求，精细产品的尺寸允许误差要小于0.5mm，一般产品的尺寸允许误差要小于1.0mm。

（2）层次：各阶调应分明，层次清楚。

（3）套印：多色版图像轮廓及位置应准确套合。精细印刷品的套印允许误码差不大于0.10mm，一般印刷品的套印允许误码差不大于0.20mm。

（4）网点：网点作为印刷的基本单元，应清晰，角度准确，不出重影。50%网点的扩大值，精细印刷品为10%～20%；一般印刷品为10%～25%，网点要饱满，同时光洁完整。

（5）颜色：颜色应符合原稿，真实，自然，丰富多彩。指标应包括两方面：同批产品不同印张的实地密度允许误差，青品红不大于0.15，黑不大于0.20，黄不大于0.10；颜色符合印刷样品，另外符合印刷样品与电子文件和是不是传统打样有着密切的关系。

二、节能技术

（一）数码印刷机改造技术

1. 技术说明

传统印刷机有平版胶印机、凸版柔印机、凹版印刷机以及丝网印刷机等，都是很大型的印刷机械，一般由装版、涂墨、压印、输纸（包括折叠）等部分组成。传统印刷机的工作原理是先将要印刷的文字和图像制成印版，装在印刷机上，然后由人工或印刷机把墨涂敷于印版上有文字和图像的地方，再直接或间接地转印到纸或其他承印物（如纺织品、金属板、塑胶、皮革、木板、玻璃和陶瓷）上，从而复制出与印版相同的印刷品，但传统印刷机体型巨大，适合进行大订单生产，越来越不适用于中小订单市场。

常见的生产型的数码印刷机（见图2-36）有激光式和喷墨式。激光式数码印刷机类似于复印机，有硒鼓或感光带，对纸张和墨粉充电，利用静电吸附原理印刷，主要工作原理是操作者将原稿或数字媒体的数字信息，或从网络系统上接收的网络数字文件输出到计算机，在计算机上进行创意，修改、编排成为客户满意的数字化信息，经数字算法处理，成为相应的单色像素数字信号传至激光控制器，发射出相应的激光束，对印刷滚筒进行扫描。由感光材料制成的印刷滚筒经感光后形成可以吸附墨水或墨粉的图文，然后转印到纸张等承印物上。与传统印刷机相比，数码印刷机具有印刷出的卡片、宣传册等质量更高，产品交付速度更快，信息定制更灵活等优势。

图 2-36 数码印刷机

2. 应用场景

原有的传统印刷机属于大型机械设备，占地面积大，运行能耗高，且印刷过程使用大量的油墨，油墨挥发会产生大量有机污染物 VOCs，对生态环境造成较大影响。随着经济发展，中小订单印刷品定制化逐渐成为一种需求，为满足现有市场需求，数码印刷机越来越受欢迎，数码印刷机具有体型小、印刷成本与印数无关、周期短、印刷灵活、与客户数字连接等优势，数码印刷机的使用，不仅使得印刷品更多样化，还减少了油墨使用，避免环境污染，数码印刷机小巧便利，能耗更低。

3. 典型案例

某公司主要印刷各种书本、表格、册子等出版物，年生产 300 天，设计产能为年产 30t 印刷品。

企业印刷车间原有一台 47ARP 单（双）色富士胶印机，随着信息传递方式的优化和环保的进行，该胶印机使用效率越来越低，现客户群体主要是中小订单，且对产品定制化需求越来越高，47ARP 单（双）色富士胶印机印刷耗材高，运行时不仅设备噪声大，且有大量有毒有害 VOCs 废气产生。

因此，为满足现有市场客户需求，净化工作环境，该公司实施数码印刷机改造项目，采购一台数码打印复印一体机，配套相关电脑、纸张等，旧设备停用外售。

改造前，所有单色的中小订单都由 47ARP 单（双）色富士胶印机生产，设备运行功率为 22kW，平均日运行时长 8h，年运行 200 天，该设备年用电量为 3.52 万 kWh。改造完成后，所有单色的中小订单及单色个性化定制产品由数码复印机进行印刷和复印，该设备额定功率为 15kW，日平均运行时长 12h，年运行时间 150 天，该设备年用电量为 2.7 万 kWh，因此，改造完成后，每年可节约用电 0.82 万 kWh，同时，改造完成后，每年可减少油墨用量 78kg，油墨单价为 55 元 /kg，则每年可减少用墨成本 4390 元。

（二）覆膜机改造技术

1. 技术说明

覆膜机可分为即涂型覆膜机和预涂型覆膜机两大类。即涂型覆膜机包括上胶、烘干、热压三部分，其适用范围较广，加工性能稳定可靠，是目前国内广泛使用的覆膜设备。预涂型覆膜机，无上胶和干燥部分，体积小、造价低、操作灵活方便，不仅适用大批量印刷品的覆膜加工，而且适用自动化桌面办公系统等小批量、零散的印刷品的覆膜加工。

覆膜机又分手动覆膜机和全自动覆膜机，手动覆膜机是由人工配合机械来实现覆膜和翻页过程，操作复杂，对工人的技术要求高，且覆膜热压过程需要使用大量的胶，污染较大，现已逐渐被淘汰。全自动覆膜机（见图 2-37）是全自动化的设备，只需简单的人工电脑下单操作，即可双面快速覆膜，生产效率高，能节省较大能耗，并且生产时间大大缩短。

图 2-37 全自动覆膜机

2. 应用场景

全自动覆膜机运行时，先通过辊涂装置将粘合剂涂布在塑料薄膜上，经热压滚筒加热，使薄膜软化，然后使涂布了底料的印刷品和薄膜相压压合，形成纸塑合一。全自动覆膜机处置速度快、设备操作简单、适应性强，在印刷行业具有明显的生产优势，且全自动覆膜机运行效率高，大大降低了用电能耗和人工成本，一台全自动覆膜机全负荷运转的工作效率可超过 20 台人工覆膜机。

3. 典型案例

某公司主要利用白卡纸、胶版纸、铜版纸、水性油墨、显影液、CTP 版等原料生产印刷品，设计产能为年产 5000t 印刷品。生产班制为 8 小时工作制，年作业天数 300 天。

企业生产车间原有 1 台 FM-1050 手动式覆膜机，FM-1050 手动式覆膜机为老式覆膜机，需手动操作，单张覆膜，且需使用白乳胶进行粘连，操作不规范极易产生不合格品，生产效率低。生产过程产生大量 VOCs 废气，对环境和员工身体造成不良影响，且旧设备使用过程中经常出现卡顿现象，维修成本高。

为提高生产效率，降低能耗成本，该公司实施覆膜机改造项目（见图 2-38），采购一台 FH-1200 全自动覆膜机及配套设施。

改造前，原有人工覆膜机额定功率为 15kW，全天 24h 运行，年工作时间 300 天，年耗电量为 10.8 万 kWh，年用白乳胶量为 500kg，改造完成后，手动覆膜机更新为一台 FH-1200 全自动覆膜机，生产效率大大提高，其额定功率为 50kW，经估算，现日运行时间 8h 即可，年运行时间为 100 天，则每年耗电量仅为 4 万 kWh，每年可节约用电 6.8 万 kWh，同时，每年可减少白乳胶使用量 500kg，现电价以 0.75 元 /kWh 计，白乳胶单价 80 元 /kg，则每年可节约用电成本 5.1 万元，节约白乳胶成本 4 万元。

图 2-38　覆膜机改造现场图

（三）自动加墨系统技术

1. 技术说明

自动加墨系统是一种全自动补墨控墨的系统，是印刷行业中较先进的上墨模式，印刷机自动加墨系统对印刷机墨斗中油墨量进行监测，当印刷机墨斗中油墨到达最低线时，系统会发出报警声提示加墨，实现了印刷机供墨装置的自动化控制。在印刷过程中，对油墨的控制是获得高质量印刷品不可缺少的一个环节。如果在印刷过程中墨盒里油墨过少将会导致断墨，势必会影响印品质量，重新开机进行的一系列准备工作也会带来时间、油墨、纸张和电能等浪费，所以对墨斗中油墨最小量的监测是十分必要的。如果油墨过多会使油墨氧化结皮，油墨过少会影响印品质量，印刷机自动加墨系统能监测墨斗中的油墨量并实现自动供给油墨，保证墨斗中的油墨量在保证最佳印刷效果的前提下墨量最少。

自动加墨系统包括若干组储墨罐和油墨输送控制装置，储墨罐固定在底座安装板上，储墨罐一侧壁上设置有自循环管道，自循环管道上设置有若干加热装置和循环泵，顶部设置有开口，开口通过密封盖密封，罐体通气阀和油墨输送控制装置固定设置于储墨罐另一侧壁上，油墨输送控制装置内部设置有控制电路板及调节按钮，其侧壁上设置有若干过滤器和输送泵，底部设置有油墨输入接口，所述油墨输入接口与储墨罐侧壁下部的管接头通过管道相连，油墨输送控制装置顶部设置有油墨输出接口，油墨输出接口通过过滤器与打印机机体内的打印模组相连，罐体通气阀与大气连通，新型的自动加墨系统可实现自动加墨，保持油墨恒温下工作，具有防尘、防堵的功能。

2. 应用场景

原有印刷机上墨为人工上墨，通过人工观察墨斗中的墨量，当墨量低于刻度限值时，通过人工进行加墨，加墨量由人工经验决定，且加墨过程需关停设备，打开印刷机的储墨槽，大大影响了设备的正常运行，且人工成本高。提升改造为自动加墨系统，可有效降低人工成本，提高设备使用效率，减少油墨浪费等。

3. 典型案例

某彩印厂主要经营范围为包装装潢印刷品印刷，企业占地面积为 1800m^2，设计产能为年产 50t 印刷品。

企业印刷工序加墨方式为人工加墨，通过采取人工方式，直接将油墨倾倒于墨槽中，油墨桶中剩余油墨敞口放置，油墨挥发量比较大，浪费较多，且加墨过程需人工操作，人工成本高，加墨过程需暂停设备运行，影响设备工作效率，增大企业运行成本。为减少油墨使用，降低人工成本，企业通过在油墨与墨槽中间加一根输送管道及气泵，将油墨直接通过管道输送至墨槽中，墨槽加盖，减少油墨挥发。

该彩印厂自动加墨系统项目，共增加 16 根 1.5m 管道及 16 台 0.75kW 气泵、

16 个墨槽盖。

改造前，加墨需暂停印刷机运行后，由 1 位工人进行操作，年用油墨 7500kg，改造完成后，加墨全部由电脑控制，自动检墨加墨，不敞口不浪费，无需暂停设备运行，经估算，每年节省油墨量 754kg，油墨单价以 55 元 /kg 计，加上节约的人工成本，合计每年可节约成本 7.65 万元，但改造增加了气泵，因此，每年增加用电 2.88 万 kWh，电价以 0.75 元 /kWh 计，每年增加用电成本 2.16 万元，综合考虑，经济效益明显，且改造完成后，减少了油墨用量，降低了 VOCs 废气的产生，环境效益明显。

（四）润版液过滤循环技术

1. 技术说明

润版液是印刷过程中不可或缺的化学助剂，它在印版空白部分形成均匀的水膜，以抵制图文上的油墨向空白部分的浸润，防止脏版。润版液含有润湿剂，可改变印版表面的表面张力，也能在帮助减少油墨量的同时获得清晰的网点和鲜明的色彩。它的 pH 值缓冲系统能提供持续稳定的 pH 值（4.5 ~ 5.5），而且适合各类水质，抗腐蚀成分有助于保护印刷机器。它是一种高浓缩产品，使用前需进行稀释。

在胶印中，润版液的所起的作用主要体现在三方面：①在印版空白部份形成水膜；②补充在印刷过程中损坏的亲水层；③降低印版的表面温度。因此，润版液的有效使用尤为重要，现有印刷行业润版液多使用完作为危废进行处置，无处置和回用措施，浪费较大，润版液循环过滤技术是将使用过后的润版液进行过滤处理，一般是过滤系统与印刷机回水系统连接，产品采用三级处理工艺：第一级处理，能有效去除回水中的杂质、结晶、胶状物等，同时增加润版液的循环力度；二级处理，有效去回水中的微型颗粒、油类、胶类物质；第三级采用活性碳技术处理，能有效杀菌并去除异味。系统有效去除润版液的纸削、喷粉和油墨等杂质；可有效延长润版液的使用周期，半年甚至更长时间不用清洗印刷机水箱和排放印刷机水箱的废液。图 2−39 为冲版水循环过滤机。

图 2-39 冲版水循环过滤机

2. 应用场景

润版液作为印刷行业的重要生产辅料，提高润版液的使用效率尤为重要，原有使用过的润版液直接作为危废进行处置，造成润版液大量浪费，且企业处置成本高，因此，可通过现有技术实施润版液过滤循环技术回收可用润版液，循环使用，降低企业生产成本。

3. 典型案例

某公司主要利用白卡纸、胶版纸、铜版纸、水性油墨、显影液、CTP 版等原料生产印刷品，设计产能为年产 5000t 印刷品。

企业生产过程使用 CTP 板材制版，再通过润版液进行润版处理，使用过后的废润版液无回收，直接排入临时暂存桶中暂存，最终交付有资质单位进行处置，润版液浪费较大，处理成本高，且产生的废润版液对生态环境造成污染，为改善润版液使用效率，减少润版液浪费，可通过润版液过滤循环系统对润版液进行处理后回用，降低企业运营成本。

为节能减排，降低运营成本，减少环境污染，该公司实施润版液过滤循环项目，采购润版液过滤循环系统，配套相关管道、水箱、电机等。

改造前，润版液经使用后，润版液中会含有大量纸粉、油墨、化学溶剂、洗车水、灰尘等各种杂质，无法持续使用，需人工进行停机更换，换一次润版液，一般需要 2 ~ 3 个工人及停机 1 ~ 3h，每月更换 4 次，损失多达 20 ~ 30h 的劳动时间，且更换过程造成水、润版液及其他辅料的浪费，能耗物耗高，企业润版液年使用量为 1.2t，润版用水年用量为 600t。改造完成后，润版液过滤系统能有效清除印刷水中的纸粉、油墨、化学溶剂、洗车水、灰尘等各种杂质，从而降低印刷水的表面张力、提高润版性能，还能通过在线实时监控，保持水质清洁度，从而维持理想的水墨平衡，减少油墨的过度乳化，且无需再停机换水、清洗水箱，一年仅需更换 1 ~ 2 次，节约劳动时间，减少能源和物料浪费，每年可节约润板液约 0.5t，节约用水约 300t。

（五）印刷机加热系统改造技术

1. 技术说明

印刷烘干专用热泵机组主要由蒸发器、压缩机、冷凝器、节流阀四部分组成。热泵机组工作时，制冷机被加压机加压，成为高温高压气体，进入冷凝器，制冷剂冷凝液化放热，同时将空气加热用于印刷烘干，制冷剂流过节流阀变成低温低压的液体，低温低压的液体在蒸发器里蒸发吸热变成低温低压的气体，产生的冷量给车间降温，改善了车间的工作环境。

2. 应用场景

软包装行业所用的凹版印刷机、复合机、涂布机等设备都耗用大量的热空气对产品进行干燥，目前基本采用电加热或者燃烧燃油、燃煤的方式加热空气，由于我国加强了对燃烧排放物的管制，锅炉、导热油炉、热风炉等设备的使用会受到限制，所以对大量使用热风干燥的企业需要寻找一条既环保又低成本的途径。高温热泵制热以其极高的制热性能比，能制成比起消耗的电量高出几倍的热量，因热泵在制热的同时伴随大量冷量，十分适用于软包装企业同时需要热风烘干、高温熟化、厂房降温和设备冷却的生产工艺和生产环境。

3. 典型案例

某公司成立以来一直致力于印刷包装及工业基材涂布设备的研发制造，主要经营凹版印刷机、干式复合机、涂布机、柔性版印刷机等。

该公司 10 色印刷机目前采用电加热方式产生热风进行干燥，机组电加热配置容量为 440kW，根据实际生产情况，实际使用量约为装机容量的 60%，即 264kW，电加热方式的热效率值为 0.9，以日运行时间 16 h，电费 0.75 元 /kWh 计算，目前采用电加热方式日消耗费用为：

264kWh×16h/0.9×0.75 元 /kWh=3520 元

年运行时间按 300 天计，年运行费用为：

3520 元 ×300d/10000=105.6 万元

后改为高温热泵（见图 2-40）技术后，热效率值为 3.2，按实际运行容量 264kW 计算，日消耗费用为：

264kWh×16h/3.2×0.75 元 /kWh=990 元

年运行时间按 300 天计，年运行费用为：

990 元 ×300d/10000=29.7 万元

该热泵在提供热量的同时还产生制冷量，经计算可提供冷量为 205kW，折合螺杆机制冷机功率为 54kW，以日运行时间 16h，年运行时间 300 天，电费 0.75 元 /kWh 计算，则年节约费用为：

54kWh×16h×300d×0.75 元 /kWh/10000=19.44 万元

通过比较得出，采用高温热泵技术后，热泵运行的同时既有热量产出又有冷量产出，年节约费用为：

105.6−29.7+19.44=95.34 万元

图 2-40 高温热泵

第九节　玻璃行业节能提效技术及典型案例

一、行业概述

（一）行业特点

玻璃是建材的一种，我国的玻璃行业（见图 2-41）发展迅速，玻璃终端下游包括建筑家具、家电、汽车、高新技术等领域，截至 2021 年我国玻璃市场规模达到 293 亿元，同比上一年增长了 11.2%。从需求端来看，无论是从国内需求或是未来区域经济合作的角度分析，“一带一路”的沿线国家对于基础设施建设的需求均极其旺盛。从供给端来看，供给端趋于收缩，冷修高峰延续亦有助于缓解产能压力。考虑政策严控玻璃新增产能，供给端主要关注冷修、复产节奏；目前我国玻璃产业产能过剩的问题依然严重，“基建输出”能够大幅缓解玻璃行业的产品需求压力。

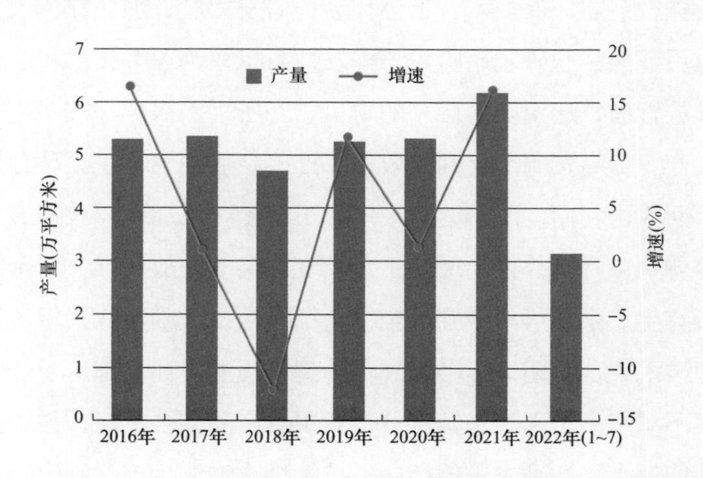

图 2-41　2016~2022 年（1~7 月）中国钢化玻璃产量变化情况

（二）生产工艺

玻璃的生产工艺包括原料加工、配料、熔制、成型、热处理。

（1）原料加工：将石英砂、纯碱、长石等原料粉碎，使潮湿原料干燥，将含铁原料进行除铁处理，以保证玻璃质量。

（2）配料：按照设计好的料单，将各种原料称量后在混料机内混合均匀。

（3）熔制：玻璃的熔制在熔窑内进行，将配好的原料经过高温加热，形成均匀、无气泡并符合成型要求的玻璃液态。

（4）成型：将液态玻璃加工成所要求形状的制品。

（5）热处理：通过退火、淬火等工艺，消除玻璃内的热应力。

（三）行业标准

玻璃行业是我国非电领域污染防治的重点行业之一。“十四五”期间，为进一步推动玻璃行业污染防治工作，国家、地方和行业结合玻璃行业的特点提出了环境保护要求，要求推行低碳化、循环化和集约化，坚持源头控制与末端治理并举，改善燃料结构，鼓励选用高热值、低硫、低灰分的优质清洁能源，优选玻璃料方，加强有毒有害原材料替代，从源头降低碳排放强度，削减污染负荷。加大先进节能环保技术、工艺和装备研发力度，加快绿色改造升级，研发和推广应用节能、脱硫脱硝除尘、挥发性有机物治理等技术和装备，全面加强无组织排放管理，选用能效比高的电机、空压机、锅炉等技术成熟的设备，实现绿色生产。提高资源综合利用效率，推广余热回收、水循环利用，大力发展废碎玻璃回收再利用，改善废碎玻璃加工质量，增加废碎玻璃应用比重。构建绿色标准体系，严格执行《玻璃工业大气污染物排放标准》，全面实行排污许可制，所有生产企业必须做到污染物达标排放；鼓励企业采用《日用玻璃炉窑烟气治理技术规范》团体标准，规范治理工程的设计、施工、验收、运行和维护；按照不同产品类别，考核评价企业单位产品综合能耗，鼓励企业采取积极措施，使能耗水平达到先进值指标；持续推进清洁生产，制定绿色工厂、绿色产品标准，开展绿色评价。

二、节能技术

（一）空压系统改造技术

1. 技术说明

空压机作为玻璃行业的主要设备，是玻璃行业的高能耗设备之一，为了降低企业用能成本，对空压机系统改造必不可少，空压机节能改造是指从站房到末端的整体系统改造，包括：更换效率低下的空压机、空压机后处理设备升级改造、系统管网优化、末端用气梳理、安装“智能监控系统”，改造完成后可以重新规划空压机开启数量、稳定压缩空气管网压力、末端实现精准用气，减少浪费现象、同时还可以通过“智能监控系统”实时监控各用气点，从而降低空压站整体能耗。

2. 应用场景

空压机系统电能消耗占工业能耗的 8% ~ 10%，全国空压机耗电量约为 2260 亿 kWh，其中有效能耗只占 66%，其余 34% 的能量被白白浪费。以玻璃行业为例，根据现场调研和测算获取的生产数据表明，空压机能耗主要体现在：空压站设备配置不合理、设备整体效率低、供气压力不合理、管理方式传统。

3. 典型案例

某公司经营范围包括玻璃制品、塑料制品制造等。该公司目前有 3 个空压站，一车间 4 台空压机（3 开 1 备），其中包含 1 台活塞机，2 套后处理系统处于暂坏无法使用并开启管道旁路状态；三车间 6 台活塞式空压机（3 开 3 备）；四车间 3 台空压机（2 开 1 备）。三个车间空压站房主管道长期连通，保证了管道压降为 0.2 ~ 0.5bar，同时可向工艺用气设备输送压缩空气，一般三个车间空压机站房系统运行 9 台（约 290m^3/min，压力为 3.0 ~ 3.25bar）。目前空压机运行中存在的问题有：①冷却装置冷却量达不到气体排气温度的量，导致排气温度高；②工艺用压缩空气中含油含水量大，导致压缩空气品质未满足工艺用压缩空气品质要求；③空压机效率低下；④后处理设备故障率高，运行效果差。

针对上述问题，该公司决定对空压系统改造，改造内容有：①更换 2 台 100m³/min（4bar）、1 台 120m³/min（4bar）的高效离心式空压机，提高压缩空气品质及效率；②增加冷冻式干燥机改善压缩空气后处理工艺；③安装气体流量计，监视各主要管网排气压力和流量。

项目改造完成后，采用电气比对比的方式测算节电率，即在同等工况、稳定运行前提下，在相同时间段内对改造前、改造后的空压机分别计量“产气量”和“耗电量”，然后计算出电气比，具体节电率如表 2-13 所示。

表 2-13　空压机系统改造节电率表

序号	系统名称	空压机总耗电量（kWh）	空压机总产气量（m^3）	电气比（kWh/m^3）
1	改造前系统	1499.5	17468.22	0.08584
2	改造后系统	572599.2	9803044	0.05843
节电率			31.93%	

（二）全自动卧式玻璃四边直线磨边技术

1. 技术说明

全自动卧式玻璃四边直线磨边机，是矩形原片玻璃倒角的专业加工机械设备，具有高加工精度，高效率，高机械配置的整体特点，采用人机界面操作，四轴联动，自动识别玻璃尺寸；且不同规格和厚度的玻璃可连续上片，无需人工调整和等待，以皮带式真空吸力传送及固定玻璃后加工磨边和除膜，有效避免玻璃划伤和表面压痕，提升玻璃加工工艺速度，降低加工成本。

全自动卧式玻璃四边直线磨边机（见图 2-42）分为入片台、磨边架、出片台三个部分。入片台和出片台是配合磨边架对玻璃进行磨削。磨边架有 2 组磨头。每组磨头分别有两个磨轮。磨边过程简便，先磨玻璃的头部，然后磨头旋转 90°，配合边上的磨轮对玻璃的两侧边进行磨削，之后，磨头再次旋转 90°，对玻璃的尾部进行磨削，完成整个磨边过程。磨完后旋转归零，等待下一片玻璃进行磨削。工艺流畅自然，配合紧密。最大限度地压缩磨边的时间，提高了磨边效率。

图 2-42　全自动卧式玻璃四边直线磨边机

2. 应用场景

玻璃磨边机主要作用是玻璃的磨平以及制作一些特殊形状。常规的玻璃磨边机一般由主机、进出料端导轨、玻璃支撑架、落地水箱组成。传统的直线双边磨边机可同时磨削玻璃的两条对边，较四边磨边机相比，打磨效率低，工作耗时长，全自动卧式玻璃四边直线磨边机采用多轴伺服电机联动技术，精确控制各移动部件定位以及磨轮相对于玻璃的移动速度，准确检测玻璃的移动位置以及尺寸，能够同步打磨玻璃每一条边的上下棱边及端面，夹持机构的设置，能有效地减少玻璃自身的震动，可同时完成玻璃的四条边打磨，提升了玻璃棱边加工的效率。

3. 典型案例

某公司经营范围包括生产中空玻璃、玻璃深加工产品、玻璃家具和塑钢门窗等。该公司生产使用的是传统的双边磨边机，双边磨边机工作效率低，瞬时传动比不恒定，传动不平稳，磨损后易发生跳齿等问题，耗时长能耗高，为提高生产效率，降低能耗，可通过改进磨边方式，采用全自动卧式玻璃四边直线磨边机。

因此，为满足生产需求，提高工作效率，降低生产能耗，该公司实施全自动卧式玻璃四边直线磨边项目，在冷加工车间采购并安装卧式玻璃直线四边砂轮式磨边机5台，并采购各目数磨轮20个。

改造前，企业磨边产量为每天600m²，磨边机运行功率为45kW，日运行16h，平均每天耗电720kWh，年生产300天，则年耗电量为21.6万kWh，改造完成后，磨边工作效率提升一倍，磨边产量达每天1200m²，磨边机运行功率为80kW，日运行时间为8h，平均每天耗电640kWh，年生产300天，则年耗电量为19.2万kWh，则年可节约用电2.4万kWh，电价以0.75元/kWh计，年节约用电成本1.8万元，全自动卧式玻璃四边直线磨边还可自动检测玻璃大小，磨边时无需调整，可加工各种LOW-E玻璃，不划伤膜面，磨边速度15 ~ 30m/min，玻璃所需磨边时间平均20s/m²，控制系统具有自我诊断功能，可掌握各种作业信息，磨削效果好，寿命长。

（三）电熔窑节能升级改造技术

1. 技术说明

玻璃熔窑是玻璃制造中用于熔制玻璃配合料的热工设备。将按玻璃成分配好的粉料和掺加的熟料（碎玻璃）在窑内高温熔化、澄清并形成符合成型要求的玻璃液。玻璃熔窑包括玻璃熔制、热源供给、余热回收和排烟供气四个部分，以电能为热源的熔窑，有电阻加热和感应加热两种加热方式。熔制光学玻璃的熔窑一般在窑膛侧壁安装碳化硅或二硅化钼电阻发热体，进行间接电阻辐射加热。池窑直接用窑内的玻璃液作发热电阻，可在玻璃液不同深度处布置多组和多层电极，使玻璃液发热，并通过调节耗电功率控制温度。采用这种方式时，玻璃液面以上的空间温度很低，因而能量基本消耗于熔制玻璃和窑壁散热，没有烟气带走热量的损失和排放烟气时对环境的污染，热利用率高，并且无需设置燃烧系统和余热回收系统，电熔窑（见图2-43）的使用寿命一般可达10 ~ 15年，但使用时间长，容易出现炉体结构损坏，保温材料变薄，热效率降低等问题，因此，需根据使用年限，及时进行炉体检修，补充保温材料，降低能耗。

图 2-43　电熔窑

2. 应用场景

玻璃电熔技术是目前国内先进的熔制工艺，可提高产品质量、降低能耗、消除环境污染，由于没有火焰窑的燃烧气体，各种挥发物都被配合料覆盖，空气中不存在有害烟尘弥散的问题，但耐火材料的寿命不长，因此，玻璃电熔窑需定期对炉体进行检修，及时补充耐火材料。

3. 典型案例

某公司设计产能为年产玻璃器皿 8000t，主要生产设施包括电熔炉、退火窑、二次退火窑、炸口机、磨盘、倒角机、立式磨口机、抛光机、搅拌机等。

企业原有电熔窑使用已达一定年限，部分位置已经腐蚀，炉体结构不稳定，电极老化，保温材料变薄，现有电熔窑保温效果差，热量损失变大，导致炉子热效率低，生产效率低，同时也会影响产出玻璃液的质量，出料质量参差不齐，生产质量不稳定，为解决熔窑问题，原有窑炉进行技术改造，更换电极以及辅助设施，提高生产效率，同时更换保温材料，提高窑炉热利用率，降低能耗。

该公司实施电熔窑节能升级改造项目，更换耐火材料、钼电极水套、测温、碳棒及循环水部分管件。

改造前，公司原有电熔窑热效率较低，能耗较高，且年产量受电熔窑影响，企业年用电量300万kWh，玻璃器皿年产量为1600t，改造完成后，可增大蓄热，提高窑炉热利用率，保证冷顶，提高玻璃液质量，降低能耗，经估算，每年可增加玻璃器皿产量15t，产品单价1.3万元/t，则每年可增加玻璃器皿产品效益19.5万元；改造完成后的电熔窑，年可节约用电10%，节约用电量30万kWh，按照电价0.75元/kWh，每年可节省用电成本22.5万元。改造后的电熔窑，在整个生产周期内可以始终保持适宜负荷的出料量，通过调节电压来分布电功率输入，可迅速而简便地补偿由于侧墙造成的额外热量损失，通过更换保温材料，可使热量散失减少，能耗大大降低，由于熔化是在玻璃液内部进行，通过合理设计电熔窑炉体结构，玻璃成分稳定，玻璃液具有良好的均匀性和稳定性，质量能够得到保证。

（四）玻璃熔窑尾气余热利用技术

1. 技术说明

玻璃生产过程中，从池窑蓄热室、换热室（或换热器）出来的烟气一般为200 ~ 300°C，这些烟气可以通过热管式余热锅炉来产生蒸汽，蒸汽可用于加热和雾化重油、管道保温，以及生活取暖等。对于排烟量较大，温度较高的烟气，可通过热管余热锅炉产生较高压力的蒸汽（3.5MPa）用于蒸汽透平来发电（见图2-44），回收余热降低能耗，从工作池和供料道等处排出的烟气，气量少而温度高，可采用少量的高温热管（工作温度超过650°C）来预热空气，当锅炉烟气温度为1000 ~ 1200°C时，空气预热温度可达400 ~ 500°C，节油效果可达20%。在退火炉烟气的烟道中，以及退火炉缓冷带以后的部位都可以设置热管换热器以回收烟气的余热和玻璃制品的散热量来预热空气，作为助燃空气、干燥热源或车间取暖等的热源，节能效果良好。

玻璃企业所使用的燃料大部分是煤气，煤气发生炉本身自带水夹套，可以副产低压蒸汽供生产生活使用，只有在吹扫烟道时，需要的蒸汽较多，需外供蒸汽加以补充。烟道吹扫结束以后，蒸汽需要量较少，余热锅炉停开或微开。大部分烟气的余热仍被浪费，可通过热管式空气预热器回收利用余热，供生产和生活使用，达到充分节能的目的。

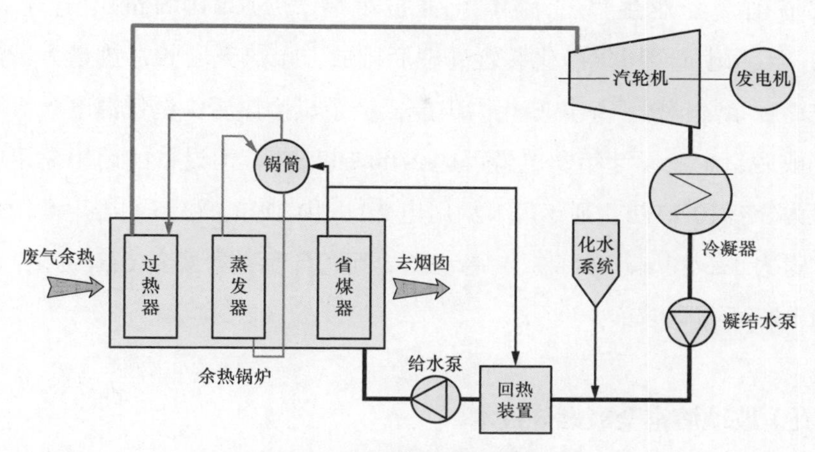

图 2-44 玻璃窑尾气余热利用发电

2. 应用场景

目前，回收利用玻璃熔窑尾气余热，实现节能降耗，已成行业方向，玻璃熔窑尾气余热一般为 200 ~ 300°C，约有 30 万 ~ 50 万 kcal 的热量，回收这部分热量用以预热二次风冷空气，使常温冷空气变成达到 100°C 左右的热空气送入窑内，可以达到提高燃料燃烧温度的作用，并能显著节约燃料。

3. 典型案例

某公司经营范围包括加工销售浮法玻璃、镀膜玻璃及玻璃深加工产品等，企业现有 2 条生产线，一线年产优质浮法玻璃 340 万重量箱，二线年产优质防紫外线玻璃 377 万重量箱。

企业生产过程中，全部烟气经脱硝处理后排放，无余热回收利用装置，余热浪费，生产成本高，为进一步加快企业发展，优化产业结构，提高烟气余热利用率，该公司建设 1 台 4.5MW 抽凝汽式汽轮机组，将玻璃熔窑排出的余热回收利用，用于发电，大大减少了外购电量，降低了玻璃生产成本，且烟气通过余热锅炉过滤后，可滤除烟气中大部分粉尘，起到了净化烟气的作用。

该公司实施玻璃熔窑尾气余热利用项目，购置 2 台 9.35t/h 的余热锅炉及配套发电系统。

改造前，企业生产过程年产生窑炉尾气 $2.63\times10^8N\cdot m^3$，尾气温度约 430°C，全部尾气经尾气净化装置处理后排放，余热无回收，热量大量浪费，现通过 2 台余热锅炉将余热转化为电能，经余热换热后，尾气温度大大降低。改造完成后，企业设计年发电量可达 2.48×10^7kWh，但设备的启用需用电，年用电量为 3.7×10^6kWh，则年可节约用电 2.11×10^7kWh，设备的启用需用水，则年用水量为 $1.2\times10^6m^3$，因此，综合考虑，可每年节约标煤约 0.64 万 t，可减排 CO_2 约 1.23 万 t。

（五）玻璃熔窑全氧燃烧技术

1. 技术说明

玻璃熔窑节能降耗是业内关注要点，玻璃熔窑燃烧过程中，空气成分中占 78% 的氮气不参加燃烧反应，大量的氮气被加热，在高温下排入大气，造成大量的热损失，氮气在高温下与氧气反应生成 NO_x，NO_x 在大气中极易形成酸雨。另一方面，随着科技发展和社会进步，市场对高质量玻璃需求量越来越大，但生产高质量的玻璃会大大增加企业成本，而全氧燃烧技术正是解决节能、环保和高熔化质量这几大问题的有效手段。纯氧燃烧技术最早主要被应用于增产、延长窑炉使用寿命以及减少 NO_x 排放，但随着制氧技术的发展以及电力成本的相对稳定，纯氧燃烧技术正在成为取代常规空气助燃的更好选择，纯氧燃烧技术在节能、环保、质量、投资等方面具有明显优势。全氧燃烧玻璃熔窑（见图 2-45）的结构类似于单元窑，胸墙和大碹采用熔铸耐火材料。

全氧燃烧器位于熔池上部结构的侧墙中交错排列，窑炉侧面分布烟道，以便横跨玻璃液表面燃烧。燃烧产物经过窑炉，从另一端离开窑炉，通过废气烟道，进入热回收装置。全氧燃烧不换向，燃烧气体在窑内停留时间长，火焰、窑温和窑压稳定。

图 2-45　全氧燃烧玻璃熔窑

2. 应用场景

全氧燃烧窑炉设计相对简单，无需任何热回收和换火装置，与空气助燃的单元窑及其相似，其典型布置是在每侧胸墙上安装 6 ～ 8 个全氧燃烧器，两侧燃烧器交错布置，燃烧器通常是成对控制，甚至单个控制，全氧窑炉的火焰对窑池的覆盖面更广，避免火焰的对冲，光焰亮度更高，加强了辐射传热和通过玻璃的传热，火焰动量低，减少了配料的飞散和挥发等。

3. 典型案例

某公司经营范围包括日用、药用玻璃制品生产及销售等，年生产 365 天，年产医用玻璃管 3.75 万 t。

企业有玻璃窑炉 4 台，编号为 3 号、5 号、7 号、8 号，均为普通马蹄焰窑炉，其工作原理是首先由供气设施提供预热空气进入蓄热室，热空气接着进入玻璃熔制环节，融化热能给马蹄形火焰提供热量，高温废气经余热回收利用装置回收后，用于蒸气发电等。马蹄焰窑炉窑体内部呈 U 形，火焰覆盖面积小，在炉宽度上的温度分布不均匀，尤其是火焰换向带来了周期性的温度波动和热点的移动，且燃料燃烧喷出的火焰有时对配合料料堆有推料作用，不利于配合料的熔化澄清，并对花格墙、流液洞盖板和冷却部空间砌体有烧损作用。为降低能耗，提高玻璃产品质量，减少 NO_x 排放，企业对马蹄焰窑炉进行改造，全部改造为纯氧窑炉。

该公司实施玻璃熔窑全氧燃烧项目，购置 4 台全氧玻璃窑炉及配套配料系统、制氧站等设施。

改造完成后，全氧助燃由于氮气的大量减少，在玻璃液上方的燃烧产物中主要是水与二氧化碳，燃烧后的烟气体积比空气助燃烟气减少 70% ~ 80%，由于使用氧气与燃料混合，改善燃烧条件，使燃烧更加充分，可以节省焦炉煤气等燃料 35% 左右，同时可大幅度减少氮氧化物排放量，降幅可达 80% 以上，全氧燃烧时可以产生比普通空气助燃更高的火焰空间温度，能加快玻璃的融化速度，有效提高单位面积出料量 25% 以上，全氧燃烧窑炉可以提供更大的能量储备，且操作时不需要定时换向，窑炉因燃烧稳定，工艺更加稳定，有利于提高成品率、改善产品品质，同时可有效减少粉尘的排放、配合料的飞扬，减轻飞扬粉尘对碹顶及胸墙等部位的侵蚀，不再需要运行助燃鼓风机，且燃烧后窑炉排放的烟气量减少 70% 以上。

第十节　焦化行业节能提效技术及典型案例

一、行业概述

（一）行业特点

目前我国焦化行业（见图 2-46）发展正处于向高质量、现代化转型升级、爬坡过坎的关键阶段，行业整合分化仍将继续，困难和挑战日趋严峻，所处环境也更加复杂多变。全行业应抓住新机遇，应对新挑战，推动焦化行业低碳可持续发展。

图 2-46　焦化行业

截止到 2021 年底，我国现有在产焦炭产能 5.4 亿 t（常规焦炉），年产焦炭 4.18 亿 t 左右，以 4.1 亿 t 焦炭产量计，年消耗洗精煤约 5.453 亿 t，年产焦炉煤气 2063 亿 m^3，焦炉回炉加热以 45% 计，每年可外供焦炉煤气 989.72 亿 m^3。焦炉煤气中含有 55% ~ 60% 的氢气，每年从焦炉煤气可提取 462.69 ~ 504.76 亿 m^3 氢气。使用焦炉煤气制氢比电解水制氢更具成本优势，且来源广泛，因此充分发挥焦炉煤气富氢，有序推进氢能发展利用，研究开展焦炉煤气重整直接还原铁工程示范应用，实现与现代煤化工、冶金、石化等行业的深度产业融合，减少终端排放，促进全产业链节能降碳。

（二）生产工艺

焦化厂的生产车间由备煤筛焦车间、炼焦车间、煤气净化车间及相配套的公用工程组成。产品是焦炭，副产品有煤焦油、硫膏、硫铵、粗苯等，焦炉煤气经净化后，部分返回焦炉和化产系统作为燃料气，剩余煤气全部外供发电用燃料气。焦化厂主要生产工序包括洗精煤—备配煤—炼焦—熄焦—筛贮焦—煤气净化及化产回收—煤气外送等，如图 2-47 所示。

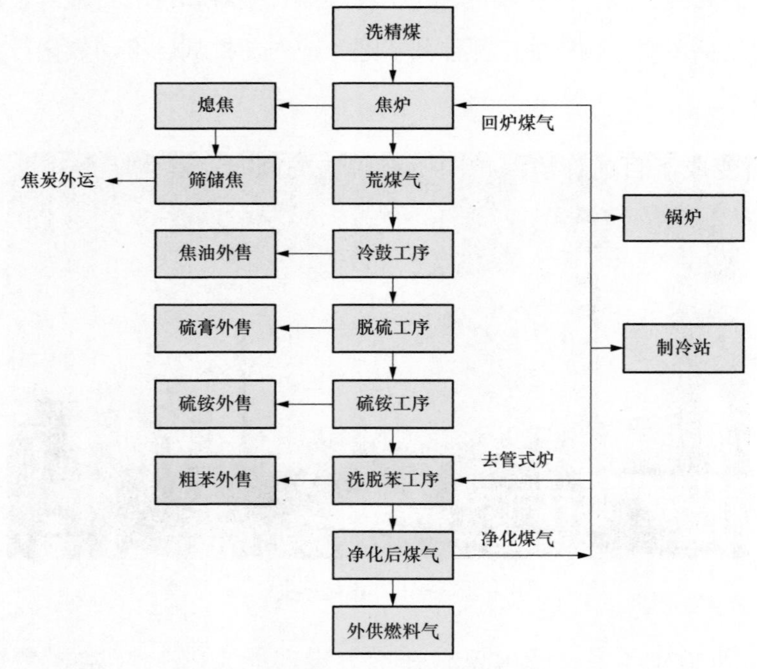

图 2-47　焦化厂生产工艺流程图

（三）行业标准

为了实施超低排放改造的要求，河北省环保厅、河北省质监局于 2019 年 1 月 1 日联合发布了《炼焦化学工业大气污染物超低排放标准》，这是国内首个炼焦化学工业大气污染物排放地方标准，要求焦化行业主要大气污染物排放限值达到国内外现行标准的最严水平，加强了对焦化各工序颗粒物排放的控制，颗粒物的超低排放限值均为 $10mg/m^3$；对焦炉烟气实施超低排放控制，在基准含氧量 8% 条件下，颗粒物、二氧化硫、氮氧化物排放限值分别为 10、30、$130mg/m^3$。上述排放限值也低于国家相关标准中 15、30、$150mg/m^3$ 的大气污染物特别排放限值标准。

二、节能技术

（一）电化学水处理节能技术

1. 技术说明

当今社会中，水资源严重短缺，在工业技术飞速发展的情况下，大量的工业废水被产出，又给这种不利状况带来了更加严重的问题。因此，工业废水的净化逐渐变成了目前环境保护中亟待解决的问题，电化学水处理技术（见图 2-48）是一种绿色环保、发展前景较为广泛的处理技术，此技术优点有：换热设备不结垢，大大减缓腐蚀；循环水系统运行稳定，效果良好；可以提高浓缩倍率，节水节能；无二次污染。

图 2-48　电化学水处理

2. 应用场景

目前焦化厂在水处理过程中，多数焦化厂还采取加阻垢剂、杀菌灭藻剂、缓蚀剂等传统药剂循环水处理方法，传统加药剂方法有以下劣势：药剂费、水费和排污费成本高；换热器热效率低、运行不稳定；系统结垢、腐蚀控制难度增加；人员劳动成本增加。因此，要通过电化学水处理技术改造解决以上问题。

3. 典型案例

某公司位于山西省襄汾县新城镇贾罕村，集洗煤、炼焦、化产、发电、煤气净化供应、城市供热及水处理为一体的民营股份制企业，每年可洗精煤 200 万 t，生产焦炭 150 万 t，焦炉煤气制甲醇 15 万 t、干熄焦 205 万 t 及具有配套 33MW 余热发电的生产能力。

该公司目前有 4 个水处理系统，分别是一化水处理系统、二化水处理系统、热电水处理系统、甲醇水处理系统，目前的水处理系统采用传统加药剂水处理方法，经常造成结垢、腐蚀等情况，人工清理费时费力，导致水处理成本增高。

针对以上问题，该公司决定采用电化学水处理方式对水处理进行升级改造，此技术无需引进其他物质，反应物质是电子，这一特性体现了电化学在处理过程中产生污染较低、绿色环保的特点。改造后效果明显，循环水系统运行稳定、无结垢现象，同时也节省了人工成本。

（二）焦化废水高级催化氧化深度处理技术

1. 技术说明

电催化氧化技术是将电作为催化剂，以双氧水、氧气、臭氧等作为氧化剂而进行的氧化反应，催化效率稳定，氧化剂利用率高达 95% 以上。高级氧化法最显著的特点是通过某种方式，在氧化体系中产生羟基自由基中间体，并以此为主要氧化剂与有机物发生反应，同时反应中可生成有机自由基或生成有机过氧化自由基继续进行反应，达到将有机物彻底分解或部分分解的目的。

电催化氧化技术采用“初级电催化氧化 + 中和曝气池 + 强化沉淀池 + 二级电催化氧化 + 电絮凝 + 电气浮 + 超滤系统 + 反渗透系统”组合工艺，其中“初级电催化氧化+中和曝气池+强化沉淀池+二级电催化氧化+电絮凝+电气浮”是预处理系统，“超滤系统+反渗透系统”是深度处理系统。电催化氧化（见图2-49）废水处理是电化学阳极发生氧化的过程，使得强氧化性中间产物能够无差别的氧化各类有机物，大大提高降解有机污染物的能力。关键设备包括初级电催化氧化装置、二级电催化氧化装置、超滤装置、反渗透装置等。

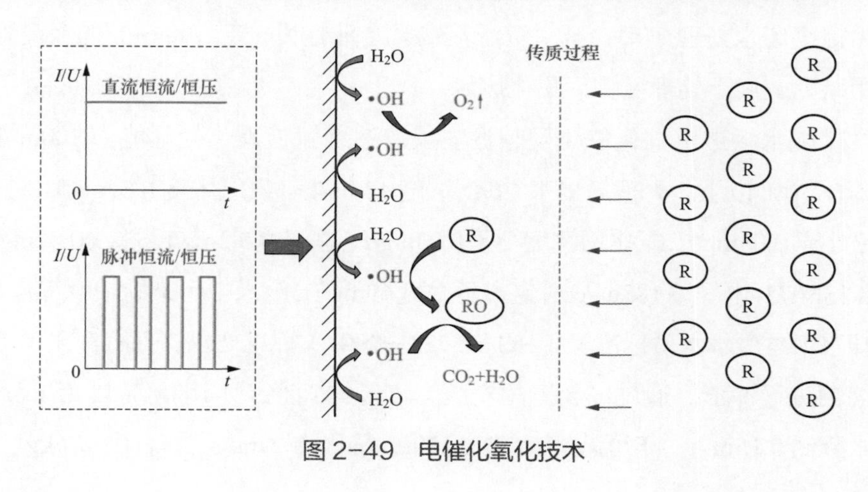

图2-49 电催化氧化技术

2. 应用场景

焦化废水是一种含有大量有毒难降解物质有机废水，主要来自焦炉煤气初冷和焦化生产过程中的生产用水以及蒸汽冷凝水，焦化废水中存在大量环芳烃有机污染物，很难通过生物或化学的方式进行有效降解，焦化废水高级催化氧化深度处理技术可对焦化废水中难降解有机污染物进行降解和分解，而非简单的分离与富集，对COD处理效率高，对于生化处理出水指标适应范围广，具有一定的抗负荷冲击能力，在原水进水水质波动时，通过工艺参数的调整，可适应焦化废水水质在一定范围内波动，还可降低和控制工程规模及投资，减小浓水处理规模与处理难度。

3. 典型案例

某公司主要经营焦炭、煤焦油、苯、硫酸、硫酸铵、煤气、干熄焦余热发电、蒸汽生产销售等，建成投产后，设计年产干全焦381万t，发电量4亿kWh。

该企业建有一套焦化废水生化处理设施，处理工艺为“预处理 + 生化处理”，预处理工段包括高浓度有机废水蒸氨、脱酚、隔油等；生化处理工段主要为 A2/O 工艺，处理达标后的废水排放到厂外污水处理厂，无深度治理工艺，处理后的废水中 COD、氨氮、挥发酚、氰化物、总硬度、总铁、浊度、电导率、氯离子等污染物浓度超出回用水标准，无法进行回收利用，水资源浪费严重。

为提高废水处理效率，减少资源浪费，企业建设一套 $100m^3/h$ 的深度处理及回用装置，用于处理生化后焦化废水。

生化废水经过电催化氧化及超滤、反渗透装置处理，处理能力 $100m^3/h$，产水率在 70% 以上。处理后出水 COD 浓度 13mg/L，氨氮浓度 0.31mg/L，挥发酚浓度小于 0.03mg/L，氰化物浓度小于 0.03mg/L，总硬度 5.2mg/L，总铁 0.02mg/L，浊度 0.13NTU，电导率 183μs/cm，氯离子浓度 69mg/L，废水中污染物浓度符合《循环冷却水用再生水水质标准》（HG/T 3923—2007）标准要求，而分离出的浓水送往炼钢进行冲渣。通过该装置的安装，年节约工业新水用量约 52 万 m^3，吨焦耗水降低 $0.15m^3/t$，年可减排 COD 近 50t，氰化物 276kg，挥发酚 276kg。

（三）焦炉上升管荒煤气余热回收技术

1. 技术说明

焦炭行业焦炉能量支出中，焦炭显热约占 38%，废气带走热量约占 16%，荒煤气显热约占 36%，焦炉散热损失约占 10%。荒煤气作为炼焦主要副产物，其成分主要是净煤气、水蒸气、焦油和粗苯等，温度约 850°C。传统工艺采用 70 ~ 80°C 循环氨水喷淋高温荒煤气直接急冷，荒煤气中的高温热量被汽化的氨与水蒸气吸收后，变成 80 ~ 85°C 低温热，这些低温热随着荒煤气进入初冷器，最终被循环水带走，造成能源的大量浪费。

随着国内各企业的节能意识逐步加强和科技的进步，为了降低焦化过程能耗，焦炉上升管荒煤气余热回收利用技术已逐渐被企业应用。荒煤气余热利用技术（见图 2-50）是利用上升管换热器回收荒煤气中的余热加热水，从换热装置出来的汽水混合物通过汽包进行汽水分离，产生蒸汽产品，上升管荒煤气余热在焦炉生产中热量支出排第二位，该余热资源进行回收后，可产生低压饱和蒸汽，可节约氨水用电量。

图 2-50　焦炉上升管荒煤气余热回收技术

2. 应用场景

焦炉上升管余热回收利用系统的结构分为上升管换热设备、除氧器、除氧泵等，通过干熄焦除盐水来当作汽包进水，之后经过除氧泵将除盐水进行处理，随后将盐水输送到汽包，汽包中的水通过循环泵系统来输送到上升管中，这时候换热器将会回收荒煤气显热，而生成的气体及液体将会送回汽包中，生成的饱和蒸汽再利用汽水分离器进行处理，以及送至蒸汽管网，至此，上升管荒煤气余热被回收，转化为可使用的蒸汽，减少了余热浪费，降低了能源消耗。

3. 典型案例

某公司的产品主要有冶金焦、焦油、粗苯、清洁煤气等，其中冶金焦年设计产能是年产 120 万 t，焦油设计产能 4.4 万 t，粗苯设计产能 1.1 万 t。

炼焦煤在焦炉中被隔绝空气加热干馏，生成焦炭，同时产生大量挥发出来的荒煤气，从焦炉炭化室产出的约 850°C 焦炉荒煤气带出余热占焦炉支出热的 36%，焦炭带出的余热，已有成熟可靠的干熄焦装置回收并发电，而目前焦化行业对荒煤气带出的余热，仍然是为冷却高温荒煤气喷洒大量 70 ~ 80°C 的循环氨水，降低荒煤气温度后，进入煤气初冷器，再由循环水和低温冷却水进一步降低温度到 21°C 左右，高温荒煤气带出余热无法被利用，为此，该公司对现有 120 万 t/ 年焦炉上升管道进行改造，建设焦炉上空管荒煤气余热回收利用装置，对高温荒煤气进行余热回收，产生 0.6 ~ 1MPa 的饱和蒸汽。

该公司实施焦炉上升管荒煤气余热回收利用项目，购置工艺设备、电器设备、仪表通信设备、热力设备、给排水设备、暖通设备。

改造完成后，在现有两座年产 120 万 t 捣固焦炉基础上更新一套 2×60 孔上升管焦炉及上升管荒煤气余热回收利用系统，年产 0.6 ~ 1.0MPa 饱和蒸汽约 12 万 t，所产蒸汽 10% 用于除氧器除氧，剩余蒸汽量 10.8 万 t 并入厂区内部现有蒸汽管网外供，蒸汽单价以 260 元 /t 计，则年可收入蒸汽费 2808 万元，可节约氨水用电量 96 万 kWh，电价以 0.75 元 /kWh 计，年可节约用电成本 72 万元。

（四）焦炉煤气制氢技术

1. 技术说明

焦炉煤气是焦炭生产过程中煤炭在高温、缓慢干馏过程中产生的一种可燃性气体，焦炉煤气中氢气含量占比达 55% ~ 60%，焦炉煤气制氢是目前可实现的大规模低成本高效率获得工业氢气的重要途径，目前实现工业化的氢气体分离技术可分为三大主流技术：①膜分离法，产品氢纯度 80% ~ 99%，氢回收率 75% ~ 85%，操作压力 3 ~ 15MPa；②变压吸附（PSA）分离法，产品氢纯度 99% ~ 99.999%，氢回收率 80% ~ 97%，操作压力 0.5 ~ 3.0MPa；③深冷分离法，产品氢纯度 90% ~ 99%，氢回收率 98%；操作压力 1.0 ~ 8.0MPa。

由上述三大氢分离法多项技术参数比较得出，变压吸附法是一种较灵活、实用性强的氢分离工艺技术，适合于焦炉煤气的氢分离。焦炉煤气制氢工艺（见图 2-51）大致可分为：精净化、预处理、压缩、PSA 提氢、脱氧干燥和产品氢储存外供等。

图 2-51　焦炉煤气制氢技术

2. 应用场景

焦炉煤气是指用几种烟煤配制成炼焦用煤，在炼焦炉中经过高温干馏后，在产出焦炭和焦油产品的同时所产生的一种高热值、可燃性气体，是炼焦工业的副产品，焦炉煤气中氢气的占比达 55% ~ 60%，可通过变压吸附分离法把焦炉煤气中的氢气产出。

3. 典型案例

某公司主要建设 2×60 孔 JT55-550D 型捣固焦炉装置及化产回收系统，总建筑面积 60 万 m^2，企业设计产能为年产 108 万 t 冶金焦、5.7 万 t 煤焦油、1.5 万 t 粗苯、1.2 万 t 硫铵等化工产品，年生产 350 天。

企业生产的焦炉煤气中含有氢气、甲烷、一氧化碳、C_2 以上不饱和烃、二氧化碳、氮气、氧气等，其中氢气含量占比 55% ~ 60%，氢气属于新能源，企业制备的氢气纯度可达 99.99% 的纯氢指标，但现有高科技产业，如氢燃料电池、航天工业、有机合成等，需要纯度为 99.999% 高纯氢和纯度为 99.9999% 的超纯氢，但以企业现有工艺无法制取高纯氢和超纯氢，因此，企业制氢工艺仍有改进空间，通过改进制氢过程，完善氢气提纯工艺，可减少杂质，提高氢气纯度。

该公司实施焦炉煤气制氢项目，在现有氢气制备工艺“一级压缩 +TSA（脱除 CO）+ 二级压缩 +PSA（变压吸附）+ 脱氧干燥”基础上，增加“冷凝 + 低温吸附”装置。

改造完成后，对制备的氢气进行进一步提纯，使得纯度可达到高纯氢 99.999% 指标和超纯氢 99.9999% 指标，拓展企业生存空间，提高企业市场竞争力，因此，改造完成后，企业效益可大大提高。

第十一节　建筑、卫生陶瓷行业节能提效技术及典型案例

一、行业概述

（一）行业特点

建筑、卫生陶瓷行业（见图 2-52）是我国国民经济的重要组成部分，是改善民生、满足人民日益增长的美好生活需要不可或缺的基础制品业。建筑、卫生陶瓷生产过程中需要消耗煤、天然气、电力等能源，我国不同建筑、卫生陶瓷企业生产能耗水平和碳排放水平差异较大，单位产品综合能耗差距较大、能源管控水平参差不齐，节能降碳改造升级潜力较大。

建筑、卫生陶瓷行业发展正从增量扩能为主转向调整优化存量、做优做强增量并存，未来产业以产品品牌、质量、服务为核心的内涵式、创新性发展成为主导，建筑、卫生陶瓷产品开发将朝着绿色化、功能化、时尚化方向发展。

图 2-52　建筑、卫生陶瓷行业

（二）生产工艺

建筑、卫生陶瓷都属于传统陶瓷，传统陶瓷是指以黏土为主要原料加上其他天然矿物原料经过拣选、粉碎、混练、成型、煅烧等工序制作的各种产品的统称，是人类生活和生产中不可缺少的一种重要原材料。

建筑陶瓷中应用最为广泛的是陶瓷墙地砖。以陶瓷墙地砖作为代表介绍其生产工艺流程。与其他建筑陶瓷一样，墙地砖以无机非金属材料为主要原料，经准确配比、混合加工后，通过工艺成型并经最后烧制而成。由于墙地砖产品的外形均为规则的薄板状，因而大多采用半干压法成型，故适于自动化流水作业线上生产，其生产工艺流程如图 2-53 所示。

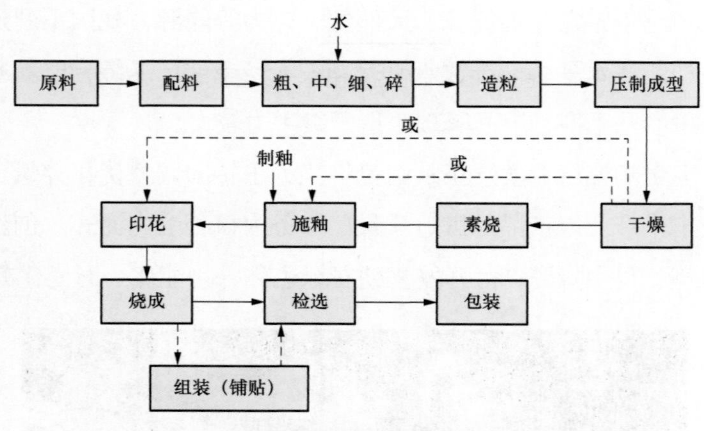

图 2-53 陶瓷墙地砖典型生产流程

卫生陶瓷采用注浆法成型，与传统陶瓷一样，也是以黏土为主要原料加上其他天然矿物原料经过泥浆制备、成型、干燥、施釉和烧成等主要工序制作而成，其生产工艺流程如图 2-54 所示。

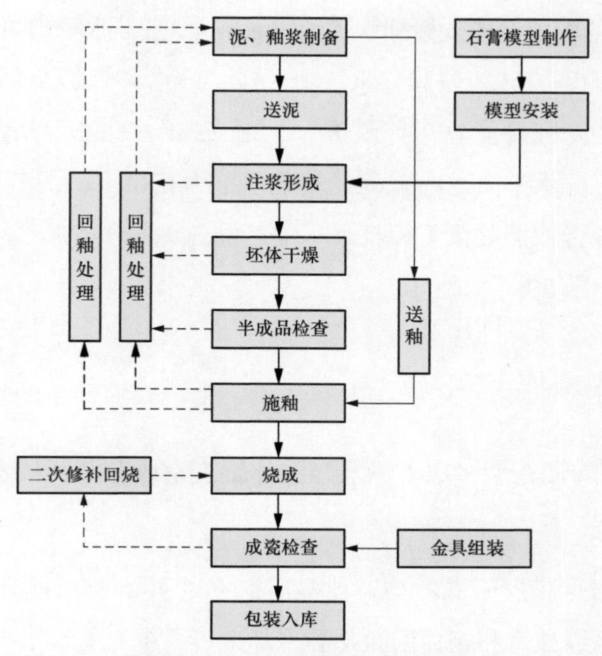

图 2-54 卫生陶瓷生产工艺流程

（三）行业标准

国家质量监督检验检疫总局、国家标准化管理委员会批准发布了《建筑卫生陶瓷单位产品能源消耗限额》（GB 21252—2013），该标准代替《建筑卫生陶瓷单位产品能源消耗限额》（GB 2125—2007），该标准规定了建筑卫生陶瓷单位产品能源消耗限额的技术要求、能耗统计范围和计算方法、节能管理与措施，该标准适用于陶瓷砖（干压）和卫生陶瓷生产企业进行能耗的计算、考核，以及对新建企业或生产线的能耗控制。

《建筑卫生陶瓷单位产品能源消耗限额》（GB 21252—2013）的发布实施，将促使建筑卫生陶瓷企业加强管理，全面提升管理水平，在生产工艺、设备和质量等方面，采取措施降低生产能耗，对进一步推动建筑卫生陶瓷行业结构调整、转型升级和实现节能减排具有积极作用。

根据《高耗能行业重点领域能效标杆水平和基准水平（2021 年版）》，

吸水率≤ 0.5% 的陶瓷砖能效标杆水平为 4kgce/m^2，基准水平为 7kgce/m^2；0.5%< 吸水率≤ 10% 的陶瓷砖能效标杆水平为 3.7kgce/m^2，基准水平为 4.6kgce/m^2；吸水率 >10% 的陶瓷砖能效标杆水平为 3.5kgce/m^2，基准水平为 4.5kgce/m^2；卫生陶瓷能效标杆水平为 300kgce/t，基准水平为 630kgce/t。截至 2022 年底，建筑、卫生陶瓷行业能效优于标杆水平的产能占比小于 5%，能效低于基准水平的产能占比小于 5%。

二、节能技术

（一）建筑陶瓷新型多层干燥器与宽体辊道窑成套节能技术

1. 技术说明

建筑陶瓷新型多层干燥器与宽体辊道窑（见图 2-55）成套节能技术开发内置式自循环干燥技术和接力回收窑炉冷却余热系统，实现了余热高效回收和循环利用，提高了热利用效率；优化多层干燥器和宽体辊道窑的耐火保温结构，提高了保温效果，降低了窑炉散热；通过风气精准比例控制技术、节能型蓄热式燃烧组合结构及五层自循环快干器与宽体辊道窑的有效组合，系统地增强了干燥和烧成温度场的稳定性，提高了干燥和烧成质量。

图 2-55 新型宽体辊道窑

2. 应用场景

建筑陶瓷新型多层干燥器与宽体辊道窑成套节能技术是利用冷却余热高效接力回收系统、内置式自循环干燥、风 / 气比例精准控制、窑炉内分区精准燃烧控制、节能型蓄热式燃烧等技术，节能环保效果明显，高温区仪表控温精度 ±1°C，窑内截面温差不超过 3°C，外壁温升不超过 35°C，产品干燥烧成综合燃耗不超过 1.8675kgce/m^2，适用于建筑陶瓷生产领域节能技术改造。

3. 典型案例

某公司主要生产瓷质抛光砖、瓷质仿古（抛釉）砖，是一家集科研开发、专业生产、销售为一体的建筑陶瓷制造企业。

2018 年，该公司技改了 2 条全自动辊道窑及智能、清洁余热利用干燥窑、自动储坯、抛光线、自动包装线、全部窑炉的煤气改天然气、职业健康安全管理提升等项目，大大降低了产品单位能耗，提高了产品质量，提升了公司智能化、绿色化、清洁生产等综合管理水平。

公司原干燥、烧成系统单位综合能耗为 2.1342kgce/m^2，对原有干燥、烧成系统进行升级改造，建设全新干燥器和高温辊道窑。项目建成后，干燥、烧成系统平均综合能耗下降为 1.8675kgce/m^2，该项目单线日产抛釉砖 1.2 万 m^2，每年按照 330 个工作日计算，则每年节约标准煤约 0.11 万 t，减排 CO_2 约 0.21 万 t，年综合效益 420 万元。

（二）陶瓷原料连续制浆系统节能技术

1. 技术说明

陶瓷原料连续制浆系统节能技术采用自动精确连续配料、原料预处理系统、泥料 / 黏土连续化浆系统、连续式球磨方法（见图 2-56）等关键技术，自动精确连续配料系统能够按设定比例精准控制每种原料的进料比例，实现对每种配比原料连续计重、间歇纠错、自动补偿的功能；原料预处理系统做到以破代磨，提高球磨速度；泥料 / 黏土连续化浆系统将黏土在研磨介质的作用下进行连续化浆，化浆后的泥浆通过分选机构将各部分分别利用。整个系统可实现自动配料和自动出浆的功能，节能效果显著。

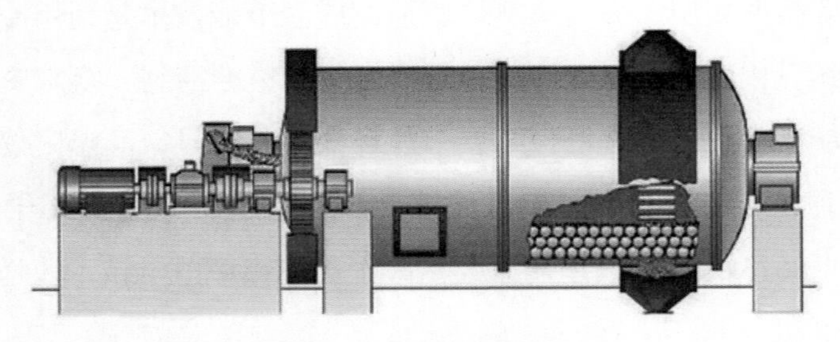

图 2-56 连续球磨技术

2. 应用场景

国内陶瓷原料没有标准化，不同陶瓷厂的原料粗细和材质差异有时较大，在进入连续球磨之前，必须对原料进行预处理加工到一定的标准，做到以破代磨，提高球磨速度。自动精确配料系统、原料预处理系统、泥料与黏土的连续化浆提纯系统、连续式球磨工艺，是该技术的特点，适用于建筑及卫生陶瓷原料生产工艺节能改造。

3. 典型案例

某公司新建一条现代化大型内墙砖生产线和一条仿古砖生产线，占地近百亩，建筑面积达 60000m^2，单一条内墙砖生产线年产量高达近千万平米，该公司现已成为以内墙砖及现代仿古砖为主的大型现代化建陶全产业链企业。

该公司某瓷砖生产线，日产量 3000m^3，每小时原料泥浆需求 270t。对生产线进行局部升级改造，硬质料采用预处理系统进行破碎筛分处理，连续球磨系统采用 2 台连续球磨机，实施周期 4 个月。

项目建成后，该生产线每年可节约用电量约 309 万 kWh，折合节约标煤约 934.73tce，减排 CO_2 约 1795.29t。该项目综合年效益合计为 710 万元。

（三）基于云控的流线包覆式节能辊道窑技术

1. 技术说明

基于云控的流线包覆式节能辊道窑（见图 2-57）技术将尾部部分终冷风

抽出打入直冷区加热至 170 ~ 180°C，将缓冷区抽出的高温余热送至干燥系统利用，利用非预混式旋流型二次配风烧嘴，调节窑内燃烧空气，保证温度场均匀性，通过预热空气和燃料，节省窑炉燃料，将设备信息引入互联网云端，实现在线监测，并接入微信和 iBOK 专用移动终端，实现窑炉产线的远程管理与协助。

图 2-57　覆式节能辊道窑

2. 应用场景

基于云控的流线包覆式节能辊道窑技术采用高稳高温高效分级逆流换热式助燃风加热节能系统，可对生产余热回收利用，节约燃料，还设置了云控系统，可实现在线监测等，适用于建材行业陶瓷工业窑炉生产线项目。

3. 典型案例

某公司年产 600 万 m^2 瓷质喷墨、仿古地砖。

改造项目使用非预混式助燃风加热节能烧嘴，高效均化分级逆流换热式助燃风技术、余热综合回收技术、C 型包覆侧板保温技术、高精度辊棒检测分级等多项技术，配有云平台在线监测系统，实施周期 4 个月。

改造前，企业拥有 1 条日产量 18500m^2 仿古砖生产线（长 247.8m、内宽 3.1m），天然气耗用量 1107.4m^3/h，改造完成后，仿古砖吨耗从 86.35kgce 降为 70.91kgce，产品产量为 18.92t/h，一年按 330 天计，每年可节省标煤约 0.23

万 tce，综合年经济效益约 520 万元。

（四）预混式二次燃烧节能技术

1. 技术说明

预混式二次燃烧节能减排技术（见图 2-58）是让一部分空气与燃气在预混合腔内进行预混和碰撞，形成含氧的可燃气体后喷出燃烧，二次空气可以调节热气流的射程，同时也可以使未燃尽的燃气完全燃烧。这种燃烧技术可以将空气过剩系数控制在 1.05 ~ 1.20 的范围内，而传统的扩散式燃烧系统由于不能良好控制燃料和空气的配比，使得空气过剩系数在 1.6 ~ 1.8 的范围内，造成了大量的排烟热损失。

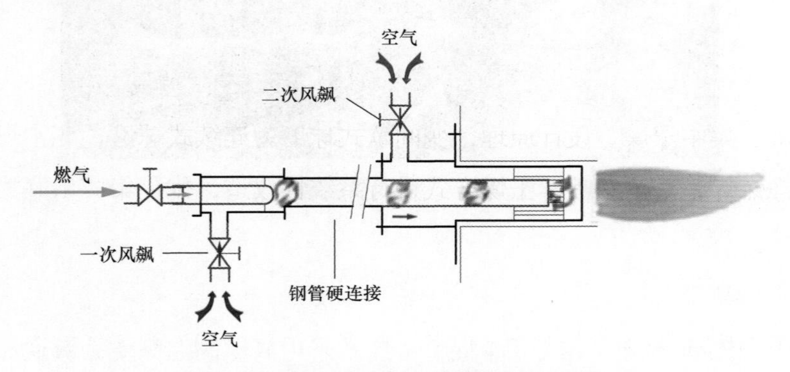

图 2-58 预混式二次燃烧节能减排技术

2. 应用场景

预混式二次燃烧节能减排技术是通过改进燃烧器结构，改善燃烧条件，提高火焰温度 15% ~ 20%，延长火焰在炉膛中的停留时间，采用二次空气补充，提高火焰梯度的燃烧强度，调节热烟气的喷嘴射程等原理，达到节能减排的效果，该技术适用于轧钢、石油、化工、熔炼有色金属、烧制陶瓷等行业的工业窑炉。

3. 典型案例

某公司现有 5 条陶瓷砖生产线，主要生产瓷质抛光砖、瓷质仿古（抛釉）砖，是一家集科研开发、专业生产、销售为一体的建筑陶瓷制造企业。

2018 年，该公司技改了 2 条全自动辊道窑及智能、清洁余热利用干燥窑、自动储坯、抛光线、自动包装线、全部窑炉的煤气改天然气、职业健康安全管理提升等项目，大大降低了产品单位能耗，提高了产品质量，提升了公司智能化、绿色化、清洁生产等综合管理水平。

改造项目对 14 条陶瓷窑炉（辊道窑）燃烧系统实施节能技术改造，使用“预混式二次燃烧节能减排技术”改造原有燃烧系统，改造完成后，经过测算节能率为 9.61%，发生炉用的原煤折算标煤后，每年使用标煤超过 4 万 t，节能量约 0.39 万 tce，综合经济效益约 870 万元。

（五）建筑陶瓷制粉系统用能优化技术

1. 技术说明

建筑陶瓷制粉系统用能优化技术根据“以破代磨、分类粉碎、连续球磨；以干代湿、集中干燥”设计原理，变间歇式球磨为连续式球磨，变水煤浆炉为微粉洁净燃煤，对传统喷雾干燥方式进行系统性改造，优化集成串联式连续球磨机技术、往复式对极永磁磁选技术、大型节能喷雾干燥塔与微煤洁净喷燃系统技术等，对陶瓷粉料生产进行集中生产、管理和配送，可以实现陶瓷粉料标准化、系列化、规范化和精细化生产输送，有效提高制粉系统的能效。微煤雾化燃烧技术现场设备如图 2-59 所示。

图 2-59　微煤雾化燃烧技术

2. 应用场景

陶瓷制粉是陶瓷行业重要的生产环节，也是整个陶瓷企业能耗成本、用工成本最集中的环节。据统计，陶瓷制粉阶段的用能成本约占企业用能总成本的40%，陶瓷粉料制备技术和工艺装备的先进程度，直接关系到企业的综合竞争力和可持续发展。目前国内大部分建筑陶瓷企业采用传统的间歇式球磨和水煤浆炉作为热源的干燥工艺方式，制粉过程不连续，处理陶瓷干粉料约消耗电能58 ~ 80kWh/t，消耗原煤 75 ~ 110kg/t。建筑陶瓷制粉系统用能优化技术适用于建材行业陶瓷工业卫生陶瓷、陶瓷粉料生产制备领域。

3. 典型案例

某公司专业生产耐磨砖及各种高档瓷质抛光砖。

该公司原有日产 1000t 陶瓷制粉系统，采用传统的间歇式球磨和水煤浆炉作为热源的干燥工艺方式，制粉过程不连续，能耗高。该公司对现有陶瓷制粉系统进行产线升级，实施陶瓷原料车间建设和改造，包括原料输送、串联式连续球磨机系统、除铁、微煤燃烧炉、节能喷雾干燥塔、布袋除尘器、脱硫塔等建设，把传统间歇式球磨改造为连续式球磨；把传统水煤浆炉改造为微粉洁净喷燃热风炉，对传统喷雾干燥方式进行系统性改造。主要设备为串联式连续球磨机、大型节能喷雾干燥塔、高效微粉洁净喷燃热风炉。

改造完成后，经测算，陶瓷干粉料的生产吨耗降低了约 49kgce，全年共计节能约 1.76 万 tce，减排 CO_2 约 3.38 万 t，综合经济效益约 2100 万元。

（六）串联式连续球磨机及球磨工艺节能技术

1. 技术说明

串联式连续球磨机及球磨工艺节能技术通过采用独创的液压辊压机预先对硬质料进行碾压破碎，破碎至 3mm 以下进入球磨机，减少了硬质料在球磨机里面的时间，从而大大降低球磨的能耗；同时，针对不同的原料，采用分类处理的方式，对硬质料进行碾压粉碎，使其易磨，而泥料通过泥料化浆机，化成泥浆之后直接进入连续球磨机细磨阶段，从而达到节能降耗的效果；同时把球磨机传统的封闭式、间歇式改为开放式、连续式，可实现持续喂料，连续出浆，避免了能耗的浪费和“过磨现象”的产生；另外，该技术采用的高压电机和齿轮传动，最大程度地提高电能转换率，减少电损耗，从而在一定程度上也达到节能效果。

2. 应用场景

串联式连续球磨机及球磨工艺节能技术是解决我国建筑陶瓷行业原料加工领域自动化和减排增效的关键技术，是企业转型升级及节能技术改造的优选技术，具有广泛的市场空间和推广前景。该技术适用于建筑陶瓷行业陶瓷原料加工生产用设备及工艺技术领域。

3. 典型案例

某公司专业生产墙地砖。该公司原有日产 1000t 陶瓷制粉系统，采用传统的间歇式球磨工艺方式，制粉过程不连续，现对现有陶瓷粉料球磨工艺进行产线升级，建设一套串联式连续球磨机系统，每年处理陶瓷原料 36 万 t。依托现有建设场地和电力线路，建设高标准钢结构厂房、陶瓷原料破碎预处理系统、串联式连续球磨机机组及配套设施、大型地上泥浆储存罐及辅助设施。主要设备为串联式连续球磨机。

项目建成后，经测算，处理陶瓷原料吨耗降低了 13.61kgce, 全年共计节能约 0.49 万 tce，减排 CO_2 约 0.94 万 t, 综合经济效益约 490 万元。

第十二节 化工行业节能提效技术及典型案例

一、行业概述

（一）行业特点

化工行业（见图 2-60）是从事化学工业生产和开发的企业和单位的总称，化工行业渗透各个方面，化工行业可划分为石油化工、基础化工以及化学化纤三大类。

化学工业在各国的国民经济中占有重要地位，是许多国家的基础产业和支柱产业。化学工业的发展速度和规模对社会经济的各个部门有着直接影响，由于化学工业门类繁多、工艺复杂、产品多样，生产中排放的污染物种类多、数量大、毒性高，因此，化学工业是污染大户。同时，化工产品在加工、贮存、使用和废弃物处理等各个环节都有可能产生大量有毒物质而影响生态环境、危及人类健康。因此，化学工业发展必须走可持续发展道路对于人类经济、社会发展具有重要的现实意义。

图 2-60 化工行业

（二）生产工艺

化工生产过程一般可概括为原料预处理、化学反应和产品分离及精致三大步骤。

（1）原料预处理：主要目的是使初始原料达到反应所需要的状态和规格。

（2）化学反应：通过该步骤完成由原料到产物的改变，是化工生产过程中的核心。

（3）产品分离及精致：目的是获取符合规格的产品，并回收、利用副产品。

（三）行业标准

自国家提出“双碳”战略以来，化工行业作为高耗能行业，一直是国家节能降碳工作的重点关注行业。2021 年，国家发展改革委、工业和信息化部、生态环境部、市场监管总局、国家能源局联合发布了文件《高耗能行业重点领域能效标杆水平和基准水平（2021 年版）》，对化工行业的能效标杆水平和基准水平做了明确规定，具体指标见表 2-14。

表 2-14　化工行业能效标杆水平和基准水平数值表

<table>
<tr><th colspan="3">国民经济行业分类及代码</th><th colspan="2" rowspan="2">重点领域</th><th rowspan="2">指标名称</th><th rowspan="2">指标单位</th><th rowspan="2">标杆水平</th><th rowspan="2">基准水平</th><th rowspan="2">参考标准</th></tr>
<tr><th>大类</th><th>中类</th><th>小类</th></tr>
<tr><td rowspan="7">化学原料和化学制品制造业</td><td rowspan="7">基础化学原料制造</td><td rowspan="7">无机碱制造</td><td rowspan="3">烧碱</td><td>离子膜法液碱（质量分数，下同）≥ 30%</td><td rowspan="3">单位产品综合能耗</td><td rowspan="7">千克标准煤 / 吨</td><td>315</td><td>350</td><td rowspan="3">GB 21257</td></tr>
<tr><td>离子膜法液碱 ≥ 45%</td><td>420</td><td>470</td></tr>
<tr><td>离子膜法固碱 ≥ 98%</td><td>620</td><td>685</td></tr>
<tr><td rowspan="4">纯碱</td><td>氨碱法（轻质）</td><td rowspan="4">单位产品能耗</td><td>320</td><td>370</td><td rowspan="4">GB 29140</td></tr>
<tr><td>联碱法（轻质）</td><td>160</td><td>245</td></tr>
<tr><td>氨碱法（重质）</td><td>390</td><td>420</td></tr>
<tr><td>联碱法（重质）</td><td>210</td><td>295</td></tr>
</table>

续表

国民经济行业分类及代码			重点领域		指标名称	指标单位	标杆水平	基准水平	参考标准
大类	中类	小类							
化学原料和化学制品制造业	基础化学原料制造	无机盐制造	电石		单位产品综合能耗	千克标准煤/吨	805	940	GB 21343
		有机化学原料制造	乙烯	石脑烃类	单位产品能耗	千克标准油/吨	590	640	GB 30250
			对二甲苯				380	550	GB 31534
		其他基础化学原料制造	黄磷		单位产品综合能耗	千克标准煤/吨	2300	2800	GB 21345 注：对粉矿采用烧结或焙烧工艺的，能耗数值增加700千克标准煤/吨
	肥料制造	氮肥制造	合成氨	优质无烟块煤			1100	1350	GB 21344
				非优质无烟块煤、型煤			1200	1520	
				粉煤（包括无烟粉煤、烟煤）			1350	1550	
				天然气			1000	1200	
		磷肥制造	磷酸一铵	传统法（粒状）			255	275	GB 29138
				传统法（粉状）			240	260	
				料浆法（粒状）			170	190	
				料浆法（粉状）			165	185	
			磷酸二铵	传统法（粒状）			250	275	GB 29139
				料浆法（粒状）			185	200	

二、节能技术

（一）造气鼓风机变频节能技术

1. 技术说明

变频调速技术是通过改变电动机电源频率实现转速调节，是一种高效率、高性能的调速手段，采用变频调速的优点为：①采用变频器控制电机，实现了电机的软启动，延长了设备的使用寿命，避免了对电网的冲击；②电机将在低于额定转速的状态下运行，减少了噪声对环境的影响；③具有过载、过压、过流、欠压、电源缺项等自动保护。

2. 应用场景

化工企业中造气厂主要是间歇制造半水煤气，向造气炉内交替的通入空气和蒸汽，自上一次开始送风至下一次开始送风为止，称为一个工作循环，每个循环分吹风、上吹、下吹、二次上吹和吹净五个部分，这期间需要用到造气鼓风机（见图 2-61），因造气炉根据炉膛温度和压力的不同需经常调节风量，目前造气鼓风机大多数采用风门调节风量，造成了大量的电能浪费，可通过采用变频调速的方式根据生产中所需风量的不同调节频率，以降低能耗。

图 2-61　鼓风机

3. 典型案例

某公司是生产工业纯碱和农用氯化铵产品的国有大型化工企业。

该公司造气厂共8台10kV、400kW造气鼓风机，正常生产时5开3备，造气鼓风机主要是向造气炉内鼓风，1台造气鼓风机对应4台造气炉，用于炉内加热升温，目前造气鼓风机通过出口蝶阀调节出风量，风量过剩时通过关小蝶阀开度，抵消一部分风量，蝶阀关小的同时还导致阻力增大，造成能源浪费。

针对能源浪费问题，为提高鼓风机运行效率，减少不必要的电能损失，决定对造气鼓风机进行变频节能改造，具体改造内容包括：1号、2号、7号、8号造气鼓风机各安装1台变频器；造气厂主控室内增加变频器智能控制平台，用于调节变频器运行频率，监控变频器各项运行数据。

节能改造后年可节约费用65万元，经济效益显著提高，具体数据如表2-15所示。

表2-15 造气鼓风机改造后节电率表

序号	设备名称	额定功率（kW）	单台造气炉改前小时耗电量（kWh）	单台造气炉改后小时耗电量（kWh）	小时节电量（kWh）	节电率
1	1号鼓风机	400	72.45	54.13	18.32	25.29%
2	2号鼓风机	400	79.71	54.77	24.94	31.29%
3	7号鼓风机	400	101.81	66.55	35.26	34.63%
4	8号鼓风机	400	79.39	58.92	20.47	25.78%

（二）溴化锂制冷机节能技术

1. 技术说明

溴化锂制冷机是以溴化锂溶液为吸收剂，以水为制冷剂，利用水在高真空下蒸发吸热达到制冷的目的。为使制冷过程能连续不断地进行下去，蒸发后的冷剂水蒸气被溴化锂溶液所吸收，溶液变稀，这一过程是在吸收器中发生的，然后以热能为动力，将溶液加热使其水份分离出来，而溶液变浓，这一过程是在发生器中进行的。溴化锂制冷机在工业领域中应用广泛，其优点为：耗电量少，对热源要求低，冷量调节范围宽，制冷剂为水以及溴化锂溶液对环境不构成破坏。

2. 应用场景

在化工行业中利用溴化锂制冷装置代替传统氨压缩机制冷降低氯化铵结晶温度，溴化锂制冷机使用的热源为纯碱生产中煅烧系统炉气废热，同时回收煅烧系统炉气废热从而减少煅烧后工序冷却负荷，达到能源再生和合理利用，大大的降低系统能耗。此外，取消氨压缩机制冷降温，解决液氨降温工艺带来的安全环保问题。

3. 典型案例

某公司的主产品是纯碱、氯化氨、食品级小苏打、重质碱等，已形成年产30万t的生产规模。

企业目前采用4台1000kW、1台560kW冰机为生产中提供冷量，冰机是一种利用气氨容易压缩液化的性质来制冷的设备，运行中能耗高，冰机小时实际耗电量是额定功率的80%，为3648kWh，为降低企业用能成本，决定对冰机进行改造。

企业安装两套热水型溴化锂制冷机组代替现有的冰机，并配置相应的冷却水、风冷塔、冷冻水泵以及冷却水泵；安装四套炉气洗涤塔，回收炉气余热，转化为高温热水供溴化锂机组使用；安装一套预冷析结晶系统，配套三台外冷器和六台轴流泵。

项目实施周期3个月，改造前系统耗电量为3648kWh/h，改造后耗电量为1623kWh/h，全年以8000h计，则每年可节约电量为1620万kWh，按0.75元/kWh计，则每年可节约金额为1215万元。

（三）大型清洁高效水煤浆气化技术

1. 技术说明

水煤浆是一种新型、高效、清洁的煤基燃料，它是由65%～70%不同粒度分布的煤、29% ~ 34% 的水和 1% 左右的化学添加剂制成的混合物，被称为液态煤炭产品，水煤浆具有燃烧效率高、污染物排放低等特点，是当今洁净煤技术的重要组成部分。

大型清洁高效水煤浆气化技术，是将一定浓度的水煤浆通过给料泵加压与高压氧气喷入气化室，经一系列物理化学等过程，最终生成以 CO、H_2 为主要组分的粗合成气，灰渣采用液态排渣。气化反应一般分三步：煤的裂解和挥发分的燃烧、燃烧和气化反应、其他反应。

（1）煤的裂解和挥发分的燃烧。水煤浆和纯氧进入高温气化炉后，水分迅速蒸发为水蒸汽，煤粉发生热裂解并释放出挥发分，裂解产物及挥发分在高温、高氧浓度的条件下迅速燃烧，同时煤粉变成煤焦，放出大量的反应热。

（2）燃烧和气化反应。煤裂解后生成的煤焦一方面和剩余的氧气发生燃烧反应，生成 CO、CO_2 等气体，放出反应热；另一方面，煤焦又和水蒸汽、CO_2 等发生气化反应，生成 CO、H_2。

（3）其他反应。经前两步反应后，气化炉中的氧气已基本消耗殆尽，这时主要进行的是煤焦、甲烷等与水蒸汽、CO_2 发生的气化反应，生成 CO 和 H_2。

2. 应用场景

水煤浆气化反应主要是在气化炉中完成，气化炉燃烧室分为射流区、管流区、回流区三个区域。水煤浆在不同区域分别完成复杂的物理过程和化学过程，射流区主要是蒸发干燥等物理过程和燃烧反应，主要反应产物为 CO_2 和水蒸气，管流区和回流区主要是转化反应，即二次反应，主要反应产物为 CO 和 H_2，该技术具有综合能耗低、碳转化率高、废水排放量少等优势。

3. 典型案例

某公司主要进行危险化学品生产、基础化学原料制造、合成材料制造等。企业设计产能年产 80 万 t 烯烃和 80 万 t 草酸二甲酯。

该企业实施大型清洁高效水煤浆气化技术项目，将一定浓度的水煤浆通过给料泵加压与高压氧气喷入气化室，经雾化、传热、蒸发、脱挥发分、燃烧、气化等过程，气体经分级净化达到后续工段的要求，灰渣采用换热式渣水系统处理，可实现日处理煤量 3000t。

该企业建设 3 台日处理煤 3000t 的多喷嘴对置式水煤浆气化炉，该气化炉由磨煤制浆、多喷嘴对置式气化、煤气初步净化及含渣黑水处理四部分组成，配套建设年产 90 万 t 的甲醇生产系统。

项目建成后，在水煤浆气化过程中，工艺指标先进、装置安全可靠、自动化程度高、操作控制灵活，可实现碳转化率由 99.2% 提高到 99.6%，冷煤气效率由 74.5% 提高到 75.2%，提高直筒段和锥底段耐火砖的预测寿命，降低生产能耗，节约能源。该技术与 GE 水煤浆气化技术相比，比氧耗下降 $8.7Nm^3/Nkm^3$，比煤耗下降 $20.5kg/Nkm^3$，折标煤能耗降低 $22.75kgce/Nkm^3$，综合年节约标煤约 7.5 万 t，每年可减排 CO_2 约 14.41 万 t，综合年效益约 3 亿元，投资回收期 3 年。

（四）六塔连续蒸馏技术

1. 技术说明

糠醛学名呋喃甲醛，是一种重要的化工原料，它是由玉米芯、甘蔗渣等植物秸杆在酸性溶液中经水解制得的，糠醛连续精制流程，主要由初馏塔、脱轻塔、脱水塔及精制塔等蒸馏装置来实现，糠醛的精制流程由最初简单蒸馏、间歇精馏，发展到三塔连续精馏、四塔连续精馏以至五塔连续精馏工艺，五塔连续精馏工艺主要由初馏塔、脱轻塔、水洗塔、脱水塔和精制塔依次连接构成，其中初馏塔顶采出醛水共沸物，水洗塔去除糠醛中含有的有机酸，脱轻塔承担低沸物采出任务，高沸点杂质则由精制塔采出。五塔连续精馏中将糠醛汽冷凝后进入初馏塔，没有充分利用热能；并且该工艺是先脱轻再水洗，脱轻塔底物料需要返回初馏塔再蒸发；同时精制塔底醛泥中含有 10% 左右的糠醛，五塔连续精馏工艺中没有再进行处理，造成糠醛浪费，还会污染周边环境。

采用六塔连续蒸馏工艺技术（见图 2–62），利用水洗工艺代替加碱中和工艺，保证除杂效果的同时，取消了纯碱（或烧碱）的使用，有效去除了粗糠醛中的有机酸及低沸点杂质，提高了产品质量，降低了生产成本。研发的糠醛废水高效蒸发技术，对蒸馏废水采用全蒸发处理，产生的二次蒸汽作为水解热源，节省水解工段的一次蒸汽消耗，实现了蒸馏废水零排放。通过回收塔将醛泥及脱水塔脱出的稀醛液中的糠醛进行回收，杜绝残醛流失现象，提高了糠醛产量。

图 2-62 连续蒸馏技术

2. 应用场景

糠醛在工业上有着广泛的用途，可以用作分离饱和脂肪族化合物中不饱和脂肪族化合物的选择性溶剂，也是生产各种呋喃类化合物的原料，其下游产品覆盖石油化工、合成树脂、食品、医药和合成纤维等诸多行业。糠醛连续精制流程主要包括糠醛的提浓和初步提纯、低沸点杂质的除去并回收糠醛、高沸点杂质的除去并回收糠醛，糠醛的精制流程随科技的进步而发展，现阶段六塔连续蒸馏技术是目前较为先进的制取优级糠醛的工艺技术，它的特点是在进料组成不变，操作稳定时，塔板上被蒸馏物、馏出液及塔底排出物的组成均不随时间的变化而改变，属于稳态操作。

3. 典型案例

某公司经营范围包括糠醛、糠醇加工销售等，设计产能为年产 10000t 糠醛。

公司主要进行糠醛的生产销售，通过拌料、水解、蒸汽处理及冷凝、蒸馏、中和、精制等工艺，最终制取糠醛，糠醛生产过程中主要消耗蒸汽和水，经统计，企业生产 1t 糠醛蒸汽耗量 25t，一次水耗量 40t。年产普级糠醛 5000t，年蒸汽耗量 12.5 万 t，一次水耗量 20 万 t，蒸汽和水的消耗较大，可通过改造蒸馏工艺，采取六塔连续蒸馏技术，减少能源用量，节能降碳。

将原厂区年产 5000t 普级糠醛生产设备改造成年产 10000t 优级糠醛生产设备，蒸馏工段除回收塔外，全部采用水解汽加热，无须补充一次蒸汽，降低了一次蒸汽的消耗。水解汽在加热糠醛蒸馏塔的同时，降低了自身温度，从而减少了循环水的用量，采用糠醛废水高效蒸发技术将蒸馏废水全蒸发处理，产生的二次蒸汽作为水解工段的热源，不再使用一次蒸汽，减少了软化水的用量，实现了蒸馏废水零排放。实施周期 30 天，改造完成后，吨产品节约蒸汽 2.6t，节约水 16t，年节约标准煤 0.24 万 t，年减排 CO_2 约 0.46 万 t。

（五）无水酒精回收塔节能改造

1. 技术说明

酒精回收塔工作原理利用酒精沸点低于其他溶液沸点的原理，用高于酒精沸点的温度，将需回收的酒精溶液进行加热蒸馏，气化酒精经塔顶冷凝器冷凝回收进入储罐，酒精回收塔一般由塔釜、塔身、冷凝器、冷却器、缓冲罐、高位贮罐等六部分组成。

无水酒精回收塔（见图 2-63）工作原理是酒精通过原料泵的输送，经过预热进入蒸馏塔顶部进行蒸发，进入过热器进行过热后进入分子筛装置进行脱水，脱水后的酒精蒸汽进入冷凝器冷凝后得到无水酒精。分子筛脱水后留下的水分和酒精，利用真空泵抽负压进行解析，解析得到的淡酒进入淡酒暂储罐，再通过淡酒泵输送入蒸馏塔进行精馏浓缩，蒸馏塔通过再沸器间接加热。在此工艺中，回收塔“一塔两用”，节省了蒸发器和回收塔冷凝器。

图 2-63　无水酒精回收塔

2. 应用场景

酒精在化学反应中一般作为有机溶剂使用，用于提取有机物、分离杂质，酒精回收塔的作用是将作为溶剂的酒精通过蒸馏冷凝重新回收再利用，以提高酒精利用率，缩减酒精使用成本，降低消耗。无水酒精回收塔是新型高效的酒精回收装置，回流液在回收塔内部经过传热和传质，在顶部以酒精蒸汽的形式直接进入分子筛吸附器脱水，省去了液体酒精蒸发为气体的蒸发器。用原料酒精做回流液体，回收塔不需要内部回流，省去了冷凝器等回流设备，节约了蒸汽和用水，降低了能耗。

3. 典型案例

某公司主要经营范围包括化工产品、化工原料生产销售等，企业设计产能为年产 10 万 t 无水酒精。该公司建有 6 万 t、3 万 t 两条无水酒精生产线，酒精生产过程中最重要的生产工艺为发酵和蒸馏，整个发酵过程主要控制罐内温度、酸度、酒分、挥发等指标，从发酵工段输入的成熟醪，经过预热后进入粗馏塔，在粗馏塔中被分离为酒精蒸汽和酒精废液，酒精蒸汽由塔顶排出，冷凝后进入醛塔，在醛塔中，低沸点杂质被分离出来，大部分则进入精馏塔，在精馏塔中，酒精被浓缩到需要的浓度，经统计，企业的吨无水酒精蒸汽消耗 1.25t，吨无水酒精一次水耗量 3t。

该公司无水酒精回收塔节能改造项目在利用现有 6 万 t 和 3 万 t 两套吸附器的基础上，增加两台加压器，使蒸汽消耗降低。

改造完成后，经估算，企业蒸馏过程中吨无水酒精蒸汽耗量仅为 0.65t，减少 0.6t，节省蒸汽 48%，吨无水酒精一次水耗量 2t，减少 1t，节省一次水 33%，大大降低了蒸汽和一次用水量，节能效果明显，每年节约标准煤 0.56 万 t，年减排 CO_2 约 1.08 万 t。

第十三节 电解铝行业节能提效技术及典型案例

一、行业概述

（一）行业特点

我国电解铝行业产能集中度极高，行业内竞争愈发激烈，2021 年国内电解铝运行产能 3950 万 t 左右，建成产能 4300 万 t，总产能已接近 4500 万 t 红线。随着“双碳”以及“节能减排”等政策的推进，对高能耗的电解铝行业及未来新增的电解铝产能均会起到一定的限制。

我国电解铝能源结构中，火电比例为 86%，清洁能源比例为 14%，2020 年我国电解铝行业二氧化碳总排放量约为 4.26 亿 t，约占全社会二氧化碳净排放总量 5%。而每吨电解铝平均碳排放的构成中电力排放为 10.7t，占 64.8%，是最大的影响因素。其中使用火电生产 1t 电解铝所排放的二氧化碳量约为 11.2t，使用水电生产 1t 电解铝所排放的二氧化碳量几乎为零，因此，火电生产是电解铝碳排放高的主因。

（二）生产工艺

电解铝就是通过电解得到的铝，现代电解铝工业生产采用冰晶石—氧化铝融盐电解法。熔融冰晶石是溶剂，氧化铝作为溶质，以碳素体作为阳极，铝液作为阴极，通入强大的直流电后，在 950 ~ 970°C 下，在电解槽内的两极上进行电化学反应。阳极主要产物是 CO_2 和 CO 气体，阴极产物是铝液，铝液通过真空抬包从电解槽内抽出，送至铸造车间，在保温炉内经净化澄清后，浇筑成铝锭，生产工艺流程如图 2-64 所示。

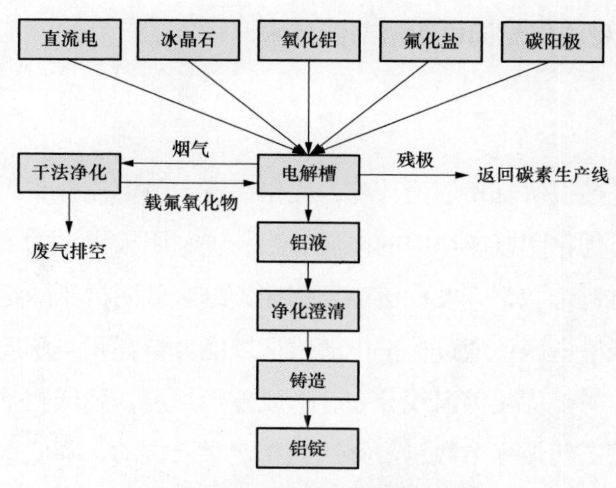

图 2-64　电解铝生产工艺流程

（三）行业标准

为了降低电解铝企业电耗，提升产品竞争力，由国家发展和改革委员会资源节约与保护环境司、工业和信息化部节能与综合利用司、中国有色金属工业协会提出《电解铝企业单位产品能源消耗限额》，本标准用来代替《电解铝企业单位产品能源消耗限额》（GB 21346—2008），规定了现有电解铝企业单位产品能耗限额限定值，具体指标如表 2-16 所示。

表 2-16　现有电解铝企业单位产品能耗限额限定值

指标	能源限额限定值
铝液交流电耗	≤ 13700kWh/t
铝液综合交流电耗	≤ 14050kWh/t
铝锭综合交流电耗	≤ 14100kWh/t
铝锭综合能源电耗	≤ 1760kgce/t

二、节能技术

（一）新型稳流保温铝电解槽节能技术

1. 技术说明

该技术通过模拟仿真和理论计算，优化铝液中的电流分布，降低铝液的流速和界面变形，优化阴极碳块中的电流分布，提高阴极铝水的稳定性；通过优化阴极结构和材料选型，开发稳流高导钢棒，结合低阴极压降组装技术，降低阴极压降，降低槽电压；通过根据电解槽区域能量自耗和电解质成分的初晶温度优化设计槽内衬，优化等温线分布，形成理想炉膛，降低侧下部散热；通过合理匹配电解槽工艺技术参数，最终达到稳定铝液波动、降低水平电流、降低槽电压、减少侧下部散热的目的，确保电解槽低电压高效率稳定运行，降低了电耗。

2. 应用场景

现有传统铝电解槽技术直流电耗13000kWh/t-Al，电力成本约占电解铝总成本的50%。2016年全国原铝产量3200万t，平均铝锭综合交流电耗约13500kWh/t-Al，吨铝生产排放二氧化碳11t。新型稳流保温铝电解节能技术应用于以氧化铝为原料生产电解铝的铝冶炼行业，在新建或者大修电解槽上实施。

3. 典型案例

某公司是一家生产电解铝、铝合金、碳素制品、铝板、带、箔材及深加工的大型企业。年产电解铝21万t、碳素10万t、铝合金和铁合金9万t、铝板、带、箔材9万t。

该公司共有40台240kA电解槽，电解槽运行中能耗高，为降低用能成本，企业决定采用新型稳流保温铝电解槽技术对电解槽进行技改（见图2-65），改造内容包括内衬优化、阴极优化、筑炉管理、工艺参数匹配等。

图 2-65　保温铝电解槽改造项目施工现场图

技改完成后，新型稳流保温铝电解节能技术可以实现吨铝节电 500kWh，吨铝减排二氧化碳 0.2905t。通过测算年节能经济效益为 444 万元，减少碳排放量为 7553t。

（二）超大容量铝电解槽技术

1. 技术说明

电解铝就是通过电解得到的铝，现代电解铝工业生产采用冰晶石—氧化铝融盐电解法。熔融冰晶石是溶剂，氧化铝作为溶质，以碳素体作为阳极，铝液作为阴极，通入强大的直流电后，950 ~ 970°C 下，在电解槽内的两极上进行电化学反应。工业铝电槽的构造，主要包括阳极、阴极和母线三部分，对铝电槽结构进行优化设计，合理选择电极和隔膜材料，是提高电流效率、降低槽电压、节能降耗的关键。

超大容量铝电解槽磁流体稳定性技术，突破了 600kA 级铝电解槽磁流体稳定性技术瓶颈，为铝电解槽高效、稳定运行奠定了基础；热平衡耦合控制技术，对影响铝电解槽热平衡的全要素进行了综合优化配置，实现了 600kA 级铝电解槽预期的热平衡状态；铝电解槽高位分区集气结构技术，实现了超大容量铝电解槽槽罩内负压分布的均匀性，集气效率达到 99.6%，减少了污染物排放量。

2. 应用场景

随着科技发展，电解槽的结构发生了很大变化，电解槽的容量由最初的几千安，增加到现在500kA甚至600kA，电解槽结构按阳极特性来划分，经历了从预焙阳极到侧插自焙阳极，到上插自焙阳极，又到预焙阳极的阶段。电解铝的化学反应方程式为：$2Al_2O_3+3C=4Al+3CO_2$，阳极：$2O^{2-}+C-4e^-=CO_2\uparrow$，阴极：$Al^{3+}+3e^-=Al$。阳极产物主要是$CO_2$和CO，阴极产物是铝液，铝液浇铸成铝锭或直接加工成线坯、型材等。因此，电解铝主要的耗能工序为电解工序，主要的耗能设备为铝电解槽，可通过对电解槽结构进行调整，将500kA电解槽更换为600kA级超大容量铝电解槽，并对电解槽的稳定性、热平衡性、集气装置进行调整，实现节能提效的目的。

3. 典型案例

某公司主要进行铝水、铝锭、铝棒、铝型材及其副产品的生产及相关贸易等，企业设计产能为年产高性能铝材30万t，现有员工700人，全天24h生产，年生产365天。

企业采用NEUI600高产率铝电解槽技术，建设一条年产30万t铝水生产系统。项目的建设内容包括主要生产车间和辅助生产系统，主要生产车间有铝水生产车间、供电整流车间、氧化铝贮运系统、阳极组装车间、电解烟气净化中心、备用铸造车间、清理车间、综合维修车间等；辅助生产系统有空压站、仓库和循环冷却水站等。

该公司实施高性能铝材一体化项目，配置目前国内最先进的电解槽型。

建设完成后（见图2-66），吨铝直流电耗降低，吨铝直流电耗12557kWh，吨铝可节约电量457kWh，根据国家统计局标准折标煤系数计算方法每节约1kWh电，相应节约0.3025kg标准煤，同时减少污染排放0.581kg二氧化碳，年实际产量按照20万t计算，年可节约用电9140万kWh，折标煤2.765万t，折合减排5.31万t二氧化碳，减排效果良好。

图 2-66　改造后项目运行现场

（三）铝电解槽气缸控制系统升级改造

1. 技术说明

传统的预焙铝电解槽用打壳装置，由打壳气缸、导向连杆和打壳锤头构制而成，通过电磁换向阀控制气缸内活塞杆体上下往返运动，靠导向连杆带动打击锤头，击破由电解质和氧化铝所组成电解质结壳，形成一个氧化铝下料通道，以便准确定量的添加氧化铝至电解槽的电解质中，参加热电化学反应，生成电解铝。

铝电解槽气缸控制系统是在传统气缸的基础上，增加了气缸数据传感器和气缸运动控制阀，气缸数据传感器设置在气缸的出气口处，气缸控制阀设置在气缸的进气口处，增加带有控制算法的控制器，对传感器采集的数据进行推算、分析，通过模拟计算对打壳气缸运动过程进行非线性动力分析，采用拟合等技术对测量的数据进行记录、过滤、分析、提取，总结出曲线变化规律，形成打壳气缸运动特征库和变化规律库。

2. 应用场景

现通用的预焙铝电解槽打壳装置，磨损后较短的锤头打不透电解质结壳孔洞，使氧化铝料无法定时定量准确的添加到电解槽中的电解质中；新更换较长的锤头，由于穿打深度较长，打开电解质结壳孔洞后，锤头仍继续下行，加剧了锤头磨损，影响了锤头使用效率和使用寿命，可在原气缸活塞杆处增加缸数据传感器和气缸运动控制阀，利用这种电压控制信号，来控制气缸活塞杆上下往复运动，不仅可精确把控锤头运动轨迹，还可提高锤头使用效率。

3. 典型案例

某公司经营范围包括铝板、铝带、铝箔、铝型材、铝深加工制品的生产、销售等，企业设计产能为年产 60 万 t 原铝，全天 24h 生产，年生产 365 天。

该公司铝电解槽气缸控制系统升级改造项目，通过对电解槽打壳系统进行改造升级，改造数量为 90 套，总投入 166.5 万元，实施周期 4 个月。

改造前吨铝电耗为 12977kWh，电解电流效率 91.6%，平均电压 4.012V，电解效应系数为 0.223，平均每天每槽压缩空气用量为 112.6 万 m^3。改造完成后，打壳锤头粘包率降低约 88%，火眼积料卡堵率降低约 60%，可延长锤头使用寿命，降低生产成本，平均每天每槽压缩空气用量为 50.8 万 m^3，吨铝电耗为 12923kWh，根据国家统计局标准折标煤系数计算方法每节约 1kWh 电，相应节约 0.3025kg 标准煤，同时减少污染排放 0.581kg 二氧化碳，年产铝量以 11.92 万 t 计，则年可节约用电 643.68 万 kWh，折标煤 1947.13t，年可节约压缩空气 203.013 万 m^3，以电气比 0.07kWh/m^3 计，则折算节电 14.21 万 kWh，折标煤 42.99t，合计节约标煤 1990.12t，则年减排 CO_2 约 3822.34t。

（四）低温低电压铝电解技术

1. 技术说明

生产电解铝的能耗取决于电解槽的电压和电流效率，电压每降低 0.1V，吨铝电耗降低约 320kWh，电解温度每降低 10°C，吨铝电耗降低约 140kWh，但是，由于电解铝生产过程中，磁场的强烈作用，电解槽的工作电压很难降低，且一般电解温度维持在 950 ~ 970°C，因此，研发低温低电压铝电解技术，可有效降低电耗，节约能源。

普通预焙槽极距降低则容易引起电场、磁场的变化，就会影响到电解槽的热平衡，对现有电解槽结构进行改进，采用新型电解槽结构、低极距型槽结构设计与优化、过程临界稳定控制、节能型电极材料制备等措施，可有效降低电耗，节约用能。

2. 应用场景

低温铝电解最大的优点是降低了铝在电解质中的溶解度，提高了电流效率。对于工业电解槽，一定的温度范围内，温度每降低10°C，电流效率将提高1%，在保证电解稳定的前提下，可通过对电解槽结构进行优化，以降低电解温度。槽电压由极化电压、分解电压、电解质压降、母线压降、阳极压降、阴极压降五部分组成，在一定的电解质组成下，缩小极距可有效降低电解质压降，通过采用低温低电压新技术，可有效降低电解工序电耗，节约用能。

3. 典型案例

某公司主要经营范围包括重熔用铝锭及铝加工制品、炭素制品、氧化铝的加工及销售等，企业设计产能为年产铝冶炼40万t、炭素18万t、铝加工16万t，全天24h生产，年生产365天。

该公司实施低温低电压电解槽改造项目，通过对80台240kA铝电解槽进行改造，采用低温低电压条件下铝电解槽高效稳定运行技术、电解槽在低温低电压下稳定运行的槽结构与母线优化配置、维持电解槽在低温低电压下稳定运行的铝电解过程优化控制技术等，主要设备包括电解槽、智能多环协同优化与控制系统等。

改造完成后（见图2-67），吨铝直流电耗降低到12000kWh以下，槽电压约为3.70 ~ 3.88V，电解电流效率不低于93.0%，直流电耗不超过12500kWh/t-Al，槽寿命不低于2500天，根据国家统计局标准折标煤系数计算方法，每节约1kWh电，相应节约0.3025kg标准煤，同时减少污染排放0.581kg二氧化碳，经统计，改造后，每年可节电14175万kWh，折标煤4.29万t，则年可减少8.24

万 t 二氧化碳，减排效果良好，年节能经济效益 8100 万元。

图 2-67　项目实施后生产图

第十四节　制铜行业节能提效技术及典型案例

一、行业概述

（一）行业特点

制铜行业是指对铜精矿等矿山原料、废杂铜料进行熔炼、精炼、电解等提炼铜的生产活动。铜冶炼是铜产业链核心环节之一，目前我国制铜行业整体水平较高，精炼铜产量常年居全球首位。工信部印发《工业能效提升行动计划》指出，深入挖掘有色金属等行业节能潜力，有序推进技术工艺升级，推动能效水平应提尽提，实现行业能效稳步提升，加强铜锍连续吹炼等应用。在"双碳"及智能制造背景下，制铜行业绿色化转型、智能化升级已成必然趋势。未来以新能源汽车、风电、光伏为代表的新能源领域将迎来发展契机，对电网建设的推动、单车耗铜量的增加、充电桩等设施的全面建设或将为制铜行业带来新的需求增量，有关部门预计中国精炼铜消费量有望在 2027 年突破 1500 万 t。

制铜产业链上游为铜矿石采选以及废铜回收环节；中游为冶炼环节，铜矿石或废铜在这一环节通过电解、熔炼、精炼等步骤提炼出电解铜；下游为加工和应用环节，主要将电解铜通过压延、锻造等多种方式加工成各种形态的铜材，然后进一步加工成铜制品，广泛应用到电力、家电、建筑和机械、电子器件等领域，具体结构分布见图 2-68。

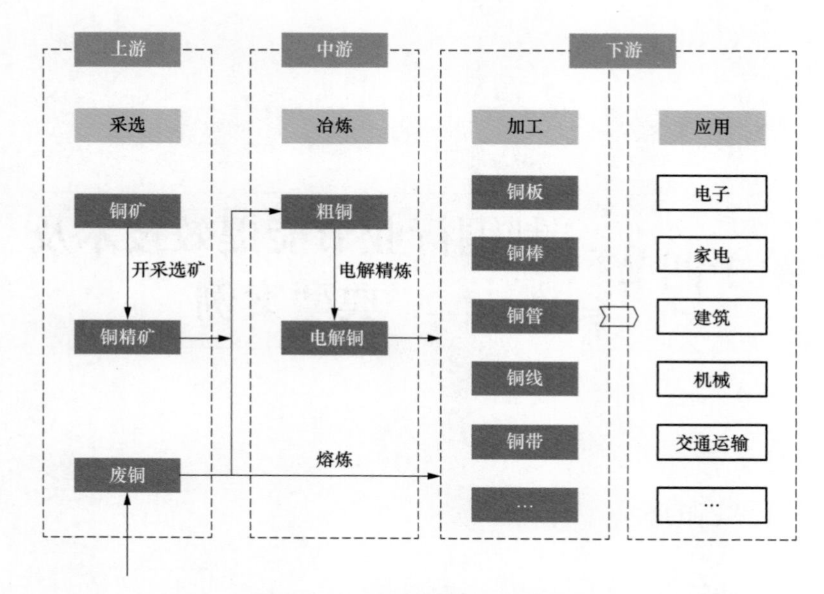

图 2-68 中国制铜产业链结构

（二）生产工艺

制铜行业工艺主要分为火法冶炼与湿法冶炼两种技术路线，火法冶炼以硫化铜精矿为主，通过熔炼、吹炼、火法精炼、电解精炼等环节形成电解铜，而湿法冶炼以氧化铜矿为主，通过浸出、萃取等环节形成电解铜。目前我国采用火法冶炼的铜生产线在制铜行业占比达到八成以上，本文主要介绍火法冶炼工艺。

火法冶炼可以粗略地分为“粗炼”和“精炼”两个环节，粗炼环节即铜精矿→冰铜→粗铜，精炼环节即粗铜→阳极铜→精炼铜。其中，从铜精矿到冰铜的过程是火法冶炼各种技术的主要差异所在，我们常见的一些技术术语，比如“顶吹”“侧吹”“闪速”等，均属于粗炼环节的各项技术。火法冶炼工艺流程见图 2-69。

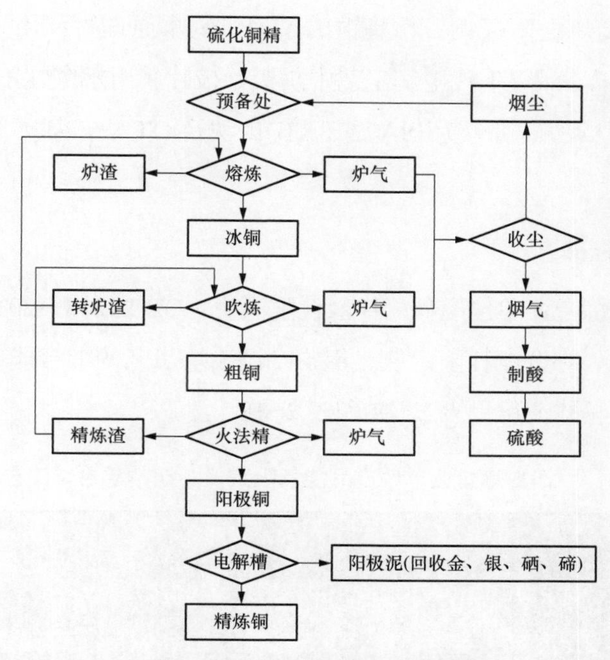

图 2-69　火法冶炼工艺流程图

（1）熔炼冰铜是铜精矿→冰铜的过程，传统工艺主要有密闭鼓风炉、反射炉和电炉，目前均不是主流。现代炼铜工艺主要分为熔池熔炼法和闪速熔炼法工艺。现代熔池熔炼法，根据鼓入的风口位置不同，可分为侧吹、顶吹、底吹三种方式。闪速熔炼法结合了强化扩散和强化热交换两种因素，熔炼过程的生产力显著提高，常用的方法是奥托昆普闪速炉以及因科（INCO）闪速熔炼法。

（2）从冰铜→粗铜的过程称为吹炼粗铜，这一步是将冰铜进行吹炼后，方能得到粗铜。传统工艺一般使用 PS 转炉（卧式碱性炉衬转炉）作为吹炼设备，相应的配套设备有加熔剂设备、烟罩、传动系统、供风系统和排烟系统。现代工艺采用“双闪”工艺（闪速熔炼→闪速吹炼），相对于传统冰铜的液态吹炼方式，耗水量减少约 75%，硫的回收率可高达 99.9%。

（3）火法精炼是粗铜→阳极铜的过程，这一过程可分为加料、熔化、氧化、还原、浇注五个步骤。主要设备精炼炉一般有固定式精炼反射炉、回转式精炼炉以及倾动式精炼炉，其中，回转式精炼炉的精炼效果较好。

（4）电解精炼是阳极铜→精炼铜的过程，基本原理是利用了铜和杂质的电位序不同来分离二者。现代电解工艺中阴极始极片采用永久性不锈钢阴极法，永久性不锈钢阴极法又可分为ISA法、KIDD法及OT法，基本形式一样，细节有些许不同。

（三）行业标准

依据《铜冶炼企业单位产品能耗消耗限额》（GB 21248—2014）中对铜精矿冶炼工艺能耗、综合能耗限定值、粗、杂铜冶炼工艺的综合能耗限定值有明确的数值规定，具体情况见表2-17和表2-18。

表2-17 铜冶炼企业单位产品能耗限定值（铜精矿冶炼工艺）

工序、工艺	现有		新建		先进值（kgce/t）	
	限定值（kgce/t）		准入值（kgce/t）			
	工艺能耗	综合能耗	工艺能耗	综合能耗	工艺能耗	综合能耗
铜冶炼工艺（铜精矿-阴极铜）	≤400	≤420	≤300	≤320	≤260	≤280
粗铜工艺（铜精矿-粗铜）	≤280	≤300	≤170	≤180	≤140	≤150
阳极铜工艺（铜精矿-阳极铜）	≤320	≤340	≤210	≤220	≤180	≤190
电解工序（阳极铜-阴极铜）	≤110	≤140	≤90	≤100	≤80	≤90

表2-18 铜冶炼企业单位产品能耗限定值（粗、杂铜冶炼工艺）

工序、工艺	现有	新建	先进值（kgce/t）
	准入值（kgce/t）	准入值（kgce/t）	
	综合能耗	综合能耗	综合能耗
粗铜工艺（杂铜-粗铜）	≤260	≤240	≤200

续表

工序、工艺		现有准入值（kgce/t）	新建准入值（kgce/t）	先进值（kgce/t）
		综合能耗	综合能耗	综合能耗
阳极铜工艺	（杂铜 - 阳极铜）	≤ 360	≤ 290	≤ 280
	（粗铜 - 阳极铜）	≤ 290	≤ 270	≤ 220
铜精炼工艺	（杂铜 - 阴极铜）	≤ 430	≤ 360	≤ 350
	（粗铜 - 阴极铜）	≤ 370	≤ 350	≤ 310

二、节能技术

（一）铜冶炼汽电双驱同轴压缩机组（MCRT）技术

1. 技术说明

铜冶炼领域汽电双驱同轴压缩机组（MCRT）技术，将两个压缩机集成在一个多轴齿轮箱上，采用三个入口导叶调节压缩机各段负荷，形成一个全新的空、增压一体式压缩机。将汽轮机通过变速离合器，与空、增压一体机及电机串联在一根轴系上，机组启动前，离合器处于断开状态；主电机驱动压缩机旋转，产生的压缩空气送往空分装置进行空气分离，分离后的氧气送往冶炼装置，待反应炉产生高温尾气后，通过余热锅炉回收尾气中的热量，产生副产蒸汽，蒸汽带动汽轮机旋转，汽轮机转速达到啮合转速时变速离合器啮合，取消了汽轮发电环节，减少能量转换过程的损失，压缩机多变效率最高可达 88%，提高能量回收效率以及经济性。机组结构示意图见图 2–70。

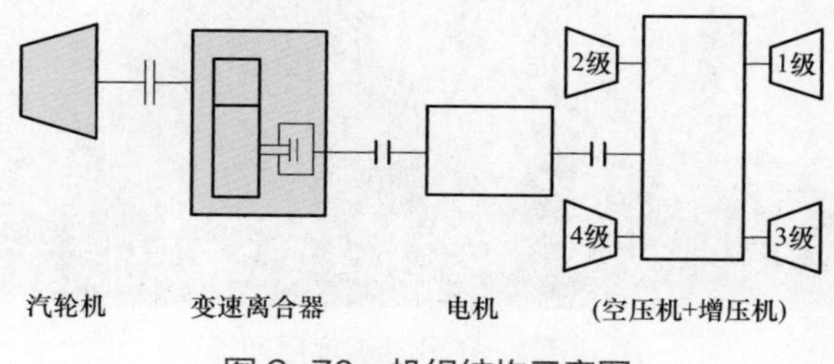

图 2–70　机组结构示意图

2. 应用场景

该技术在一个齿轮箱上同时集成了空压机、增压机的两种功能，减小了压缩机的占地面积，提高了运行经济性；独特的应用离合器在线啮合与脱开功能，增强了机组的安全裕度；压缩机多变效率最高可达 88%。适用于铜冶炼领域节能技术改造。

3. 典型案例

某公司的产品广泛应用于有色金属矿精选、冶炼（除国家专控专营产品外）及附属产品、建筑材料、冶金、矿产品、机电产品、化工产品（除危险化学品外）。该公司采用世界先进炼铜工艺，首次实现真正意义上的“一步炼铜”，在技术装备、综合能耗、环保节能、资源综合利用等方面都达到或优于国内先进水平。

该公司改造前的配置为传统机组：电驱空压机组、电驱增压机组、汽轮发电机组，单轴压缩机效率低，机组及其辅助设备占地面积大。改造项目采用独特的三机串联同轴技术，将原 3 套独立的电驱空压机、电驱增压机、余热蒸汽发电机组合并为 1 套双驱动同轴机组。

改造完成后（见图 2-71），副产蒸汽用于汽轮发电机组，发电机效率 97%，电机用于驱动，满载效率 97%，总能量转化损失 6%，本项目减少了能量转化环节，每年可节约电量约 800 万 kWh，折合年节约标煤约 2420t，减排 CO_2 约 4648t。该项目综合年效益合计为 3000 万元。

图 2-71 空分装置项目现场

（二）有色冶金高效节能电液控制集成创新技术

1. 技术说明

有色冶金高效节能电液控制集成创新技术，采用虚拟样机、半实物联合仿真及电液比例伺服集成控制等现代设计及控制技术，自主创新研发电解精炼过程中的关键技术装备，实现了系列装备的大型化、高速化、连续化、自动化及节能化，以提高电解效率，降低电耗，达到高效节能的目的。

根据该技术设计的智能化电液控制铜电解阳极自动生产线的优势为：电解短路率降低 80%；电耗降低约 2.8kWh/tCu；电解效率提高 3%。

根据该技术设计的电液控制铅电解精炼生产线的优势为：电解短路率降低 80%；电耗降低 35 ~ 40kWh/tPb；电解效率提高 5%。

2. 应用场景

冶炼是有色金属生产中耗能最大的环节。目前，我国有色金属行业能耗指标与国际先进水平相比，仍有较大差距。

有色冶金高效节能电液控制集成创新技术，采用了智能化电液集成控制技术、虚拟样机及半实物仿真、设备状态监测及控制、纯水液压传动等技术，实现了有色金属的自动生产，适用于有色金属行业铜、铅、锌等采用湿法冶金年产 5 万 t 电解精金属规模以上企业。

3. 典型案例

某公司是以铜金属的地质勘探、采矿选矿、冶炼加工、科技研发、进出口贸易为主的有色金属企业，公司拥有 19 个系列、180 余种产品，其中白银产量全国第一，黄金产量居全国第九，高纯阴极铜国内市场占有率为 12%。

该公司原有年产 10 万 t 电铜生产线，采用传统的铜阳极进行制备，阳极棒更换较快，铜生产成本偏高。

针对成本偏高问题，该公司对原电铜生产线升级为智能化电液控制铜电解阳极自动生产线，以改善阳极品质，提高电效，降低能耗。

项目实施周期 2 年，改造完成后，经测算每年节约 840tce，年节能经济效益约为642万元。

（三）粗铜自氧化还原精炼技术

1. 技术说明

粗铜自氧化还原精炼技术，取消了火法炼铜生产工艺的氧化和还原两个作业过程，通过鼓入惰性气体搅拌铜液，创造良好的反应动力学条件，利用铜液中自身的氧和杂质反应，达到一步脱杂除氧的目的；实现了还原剂（天然气）的零消耗，不仅节约了能源，而且从根本上解决了粗铜火法精炼普遍存在的黑烟污染和二氧化碳排放问题。

本技术采用了吹炼炉粗铜终点控制技术和惰性气体搅拌传质传热技术，实施后产出的阳极板Cu含量不低于99.5%，S含量不高于0.005%，O含量不高于0.2%；火法精炼时间由原来的10h以上降至1h以内；天然气消耗量为0。

2. 应用场景

传统火法精炼工艺表明，当深氧化作业将硫降到0.005%以下时，铜液含氧量高达0.8%～1.5%，而且铜液上面有大量以Cu_2O为主的渣层，必须用大量还原剂深度还原将氧降到0.2%以下。而在还原作业时，因还原剂在铜液停留时间很短，还原效率极低，即使还原效果最好的天然气其还原效率也不超过40%，大量没有反应的炭黑溢出铜液进入大气，造成对环境的严重污染。

粗铜自氧化还原精炼技术，已获得国家发明专利3项，并通过国家有色金属质量监督检验中心检测，产品质量符合国家标准；适用于有色金属行业制铜领域。

3. 典型案例

某公司一座采用闪速熔炼和闪速吹炼“双闪速炉”工艺的铜冶炼厂，年产阴极铜60万t、黄金20t、白银600t、硫酸170万t、其他稀有金属1000t。

公司现有年产50万t阴极铜生产线，采用传统的2台630t阳极炉，在还原作业时，还原效率低并造成环境污染。

项目主要对2台630t阳极炉进行工艺和风口改造。工艺改造包括惰性气体搅拌作业、自氧化还原作业；风口改造为开发新型风口，包括调整风口的位置和数量、改进风口角度、风口砖结构改进。主要设备为2台阳极炉和2台圆盘浇铸机等。

改造完成后（图2-72），年节能量约4.9万tce，年减排CO_2约9.41万t。

图2-72　项目实施后生产现场

（四）旋浮铜冶炼节能技术

1. 技术说明

闪速冶炼反应机理为反应塔内氧气和物料颗粒间发生反应，闪速冶炼对物料的分散采取的是用水平方向的分布风打散垂直下落的物料，当投料量大时，易出现反应偏析、下生料、烟尘率高、炉况波动等问题。

旋浮冶炼除了具有同闪速冶炼相同的反应塔上部反应机理外，还独创了反应塔下部过氧化物料颗粒和欠氧化物料颗粒间的碰撞反应机理。旋浮冶炼采用“风内料外”的供料方式，对物料的分散模拟了自然界龙卷风高速旋转时具有极强扩散和卷吸能力的原理，物料颗粒呈倒龙卷风的旋流状态分布在反应塔中央，在龙卷风旋流体中间增加中央脉动氧气，改变物料颗粒的运动，实现物料颗粒间脉动碰撞、传热传质以及化学反应的强化，使整个熔炼和吹炼过程的化学反应能够充分完全地进行。

2. 应用场景

目前，全世界火法炼铜的工厂约 110 家，其中采用闪速熔炼的工厂约 40 多家，产铜量占总产量的 60% 以上。与闪速冶炼技术相比，旋浮铜冶炼技术具有生产能力大、反应充分、烟尘率低、自热冶炼、原料适应性强等优点，已被纳入《铜冶炼行业规范条件》。该技术适用于铜、镍、铅、金等有色金属冶炼工艺闪速炉冶炼领域，在新建生产线和原有生产线改造均可进行推广应用，前景十分广阔。

3. 典型案例

某公司是国内知名的金铜冶炼、黄金精炼加工企业，公司年处理金铜精矿 150 万 t，综合回收金、银、铜、硫、镍、硒、碲、铼、铂、钯等有色金属，年产冶炼黄金 30t，白银 350t，电解铜 35 万 t，硫酸 130 万 t。

公司现有年产 10 万 t 阴极铜生产线，采用传统的闪速炉铜冶炼工艺，当投料量大时，易出现反应偏析、下生料、烟尘率高、炉况波动等问题。

项目主要建造旋浮闪速吹炼炉及配套设施，采用旋浮吹炼工艺进行改造。主要设备包括旋浮闪速吹炼炉 2 台；冰铜干法粒化装置和吹炼渣干法粒化装置各 1 套。

改造完成后（见图 2-73），经估算每年可节能约 1.9 万 tce，减排 CO_2 约 3.65 万 t，年节能经济效益约 3700 万元。

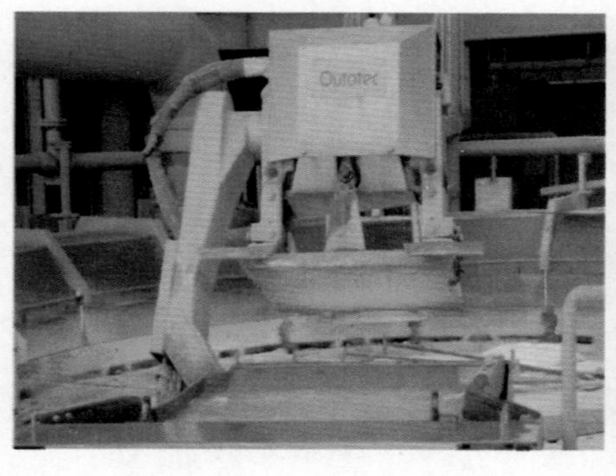

图 2-73　项目生产现场

（五）双炉粗铜连续吹炼节能技术

1. 技术说明

双炉粗铜连续吹炼节能技术（见图 2-74）将铜精矿冶炼工艺中吹炼环节的造渣期和造铜期由传统间歇式 PS 转炉吹炼工艺，改为分置到两个独立固定的吹炼空间（造渣炉和造铜炉）前后连续进行，造渣炉与造铜炉之间用溜槽连接。该工艺连续进料，充分利用熔炼炉所产生的冰铜显热，可避免转炉吹炼需等料而导致鼓风机空吹带来的电力消耗；该工艺运行下烟气温度高、烟气量小、烟气连续稳定，同时设置中压余热锅炉，通过回收余热生产中压饱和蒸汽发电，实现节能。

该工艺技术是一种主要由造渣炉、造铜炉以及连接前、后端装备的溜槽优化组合而成高效的铜精矿冶炼工艺的吹炼设备，其关键技术包括吹炼造渣和造铜期分置空间反应技术、液态冰铜、白冰铜及粗铜溜槽转送技术、连续生产技术、铜水套冷却挂渣保护技术、残阳极加料技术、环集烟气收集技术等。

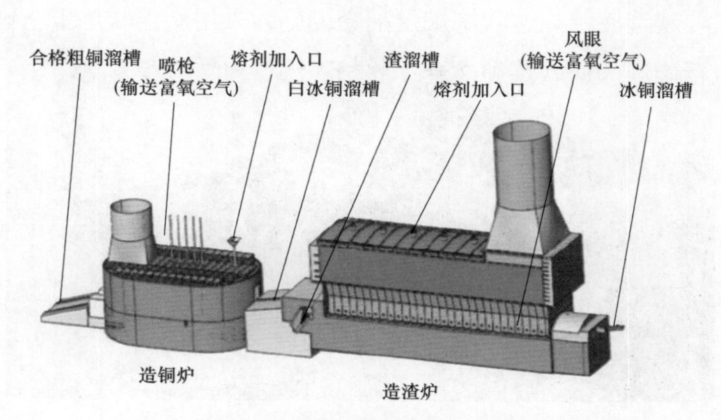

图 2-74　双炉粗铜连续吹炼炉装备图

2. 应用场景

对于生产规模达 10 万 t 以上的现有铜冶炼厂，不论采用何种熔炼工序，只要场地条件具备，都可以采用双炉粗铜连续吹炼工艺进行技术改造，从而淘汰高能耗、高污染的 PS 转炉间歇吹炼工艺；对于新建铜冶炼厂，无论是从环保角度考虑，还是从经济效益角度考虑，均不会再使用 PS 转炉，而会采用低能耗、低污染的连续吹炼工艺技术。该技术适用于有色金属冶炼及压延加工业铜精矿冶炼工艺的吹炼工序。

3. 典型案例

某公司主要从事有色金属、贵金属领域技术和产品的研究、开发、生产销售。

公司现有年产 12.5 万 t 粗铜生产线，采用传统的 PS 转炉吹炼技术，与前端的金峰熔炼炉及后端阳极精炼炉产能匹配。

项目（见图 2–75）采用双炉粗铜连续吹炼工艺技术替代传统 PS 转炉吹炼技术，主要设备为增加造渣炉和造铜炉各 1 台，选型与前端的金峰熔炼炉及后端阳极精炼炉产能匹配。

改造完成后，经估算每年可节能约 4800tce，减排 CO_2 约 0.922 万 t，年节能综合效益为 3350 万元。

图 2–75 项目生产现场图

（六）节能高效强化电解平行流技术

1. 技术说明

节能高效强化电解平行流技术，采用电解液由循环槽经变频泵直接给电解槽供液，取消了传统电解循环系统中的高位槽，电解槽供液采用侧面给液方式或采用两侧给液方式通过进液装置的喷嘴流出，由槽面两端溢流出的电解液汇总后返回循环槽。同时在出装槽作业时，利用变频泵与循环电解液的压力联锁，调节对电解槽的给液量，实现对电解槽给液的自动调节。通过平行流装置对阴极板的准确定位，电解装槽过程中加上全自动电解装用吊车与电解槽间的准确定位，带有阴极定位器的平行流装置对电解系统实现了全自动生产。

在整个工艺生产中，电解液以 0.5 ~ 2.5m/s 高速度在靠近阴极板侧下部强制平行喷射进入阴阳极板间，给电解液提供动能，阴极表面电解液向上运动，阳极表面电解液向下运动，电解液在阴极和阳极之间形成“内循环”，消除浓差极化，同时带动阳极板表层阳极泥快速沉降，打破阳极钝化相膜，消除阳极钝化，从而实现高电流密度生产。高电流转化的热能可满足电解液热平衡，加热蒸汽消耗降低约 85%，节能效果显著。图 2-76 为传统电解工艺与平行流电解工艺对比。

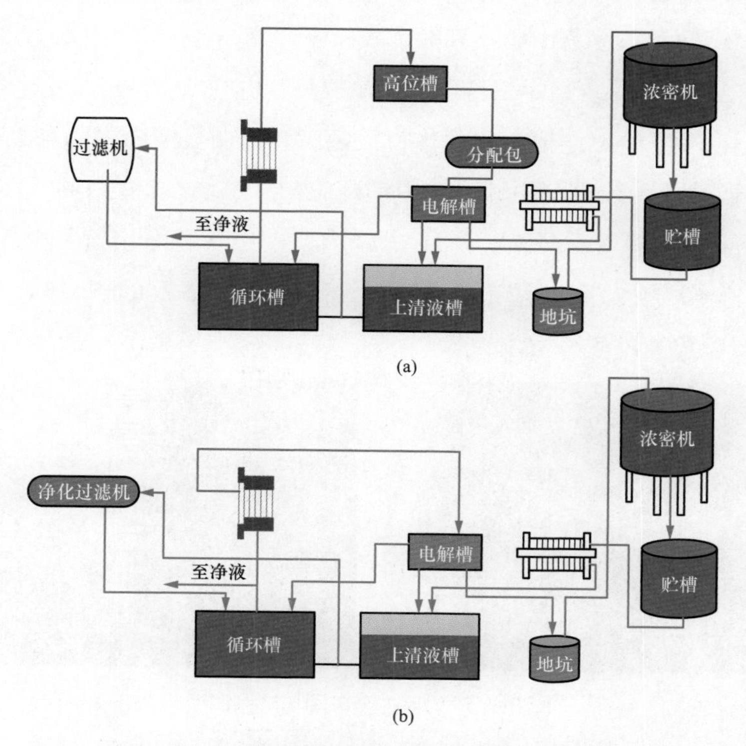

图 2-76 传统电解工艺与平行流电解工艺对比
（a）传统电解工艺流程；（b）平行流电解工艺流程

2. 应用场景

目前常用的电解工艺存在生产效率低、综合能耗高、生产成本大等问题，电解工序综合能耗普遍在 100 ~ 140kgce/t。而高效强化电解平行流技术有效解决了高电流密度下浓差极化和阳极钝化等技术难题。

高效强化电解平行流技术采用平行流电解精炼新工艺技术、高杂阳极铜的射流电解精炼新技术、平行流电解工艺成套装备系统技术等技术，电流密度为 $420A/m^2$，电流效率高达 98%，蒸汽单耗降低至 0.11t/t 铜，与传统工艺相比，同等装备情况下，产能提高 50%。适用于有色金属行业电解精炼工序。

3. 典型案例

某公司是采用闪速熔炼和闪速吹炼“双闪速炉”工艺，年产阴极铜 60 万 t、黄金 20t、白银 600t、硫酸 170 万 t、其他稀有金属 1000t。

公司现有年产 50 万 t 阴极铜生产线，采用永久不锈钢阴极工艺及装置，按照传统电解循环系统组织生产，能耗比较高。

在原有 1440 个电解槽上安装平行流装置，由循环槽经变频泵直接给电解槽供液，取消了传统电解循环系统中的高位槽。主要设备为 1440 套平行流装置 PFD 和 4 套电解液循环装置。图 2-77 为项目生产车间与成品铜板。

项目实施周期 2 年，改造完成后，每年可节能约 2.85 万 tce，减排 CO_2 约 5.474 万 t，年节能综合效益约 3600 万元。

图 2-77 项目生产车间与成品铜板

第十五节　石化行业节能提效技术及典型案例

一、行业概述

（一）行业特点

石化是石油化工的简称，与传统的化工行业不同，石化行业特指以石油为原料生产化学品的领域。我国的石油化工是20世纪60年代新兴的行业，我国的石化工业每年为国家提供大量的石油产品、化肥、合成纤维、合成橡胶和塑料，以及一些基本化工原料，不但保证了国内市场需求，而且部分产品打入了国际市场，是我国国民经济中的重要组成部分。

“十四五”时期是我国实现第二个“一百年”奋斗目标的起步期，也是我国由石油化工大国向强国跨越的关键五年，我国石化行业也同样面临由石化大国向石化强国转型升级压力。

（二）生产工艺

石化行业以原油为原料，采用物理分离和化学反应的方法，得到各种石油产品和化工原料的过程，常见的石化行业炼制过程有：原油的预处理、常减压蒸馏、催化裂化、催化重整、延迟焦化。

原油的预处理：从油田送往炼油厂的原油往往含盐、带水，可导致设备的腐蚀，损伤设备内壁结构以及影响成品油的提炼，需在加工前脱除。

常减压蒸馏：常减压蒸馏是常压蒸馏和减压蒸馏在习惯上的合称，属于物理过程。原料油在蒸馏塔里按蒸发能力分成沸点范围不同的油品。常减压装置产品主要作为下游生产装置的原料，包括石脑油、煤油、柴油、蜡油、渣油以及轻质馏分油等。

催化裂化：此工艺由原料油催化裂化、催化剂再生、产物分离三部分组成。把常压分馏的一部分重馏分和减压渣油中的重馏分经化学裂化产生汽油、柴油等；从裂化气中可分离出甲烷、乙烷、乙炔、丙烷、丙烯、丁烷等炼厂气。

催化重整：催化重整是在催化剂和氢气存在下，将常压蒸馏所得的轻汽油转化成含芳烃较高的重整汽油的过程。

延迟焦化：使减压渣油发生深度裂化反应，以生产焦化汽油、焦化柴油、石油焦，并经脱沥青工序获得沥青。

（三）行业标准

炼油行业是石油化学工业的龙头，关系到经济命脉和能源安全。炼油能耗主要由燃料气消耗、催化焦化、蒸汽消耗和电力消耗组成。行业规模化水平差异较大，先进产能与落后产能并存。用能主要存在中小装置规模占比较大、加热炉热效率偏低、能量系统优化不足、耗电设备能耗偏大等问题，节能降碳改造升级潜力较大。

根据《高耗能行业重点领域能效标杆水平和基准水平（2021 年版）》，炼油能效标杆水平为 7.5kg 标准油 /（吨·能量因数）、基准水平为 8.5kg 标准油 /（吨·能量因数）。截至 2020 年底，我国炼油行业能效优于标杆水平的产能约占 25%，能效低于基准水平的产能约占 20%。

二、节能技术

（一）催化裂化余热锅炉技术

1. 技术说明

催化裂化余热锅炉技术，应用了 FCC 催化剂再生烟气内嵌式 SCR 脱硝工艺，解决了受热面及管道露点腐蚀、高温腐蚀和积灰问题，延长了烟道长度，提高了热回收效率；采用独特的旁通烟道结构，第四烟道内的高温烟气温度恒定，避免温度过高造成催化剂烧结失活及烟气温度过低生成铵盐，有效延长了催化剂的使用寿命，降低了脱硝反应器的运行维护费用，提高了脱硝效率。

2. 应用场景

该技术创新烟道排布结构，尽可能降低锅炉高度的前提下延长烟道长度，提高了锅炉的热回收效率，可达 85% 以上，采用独特的换热器及脱硝装置排布结构，将整个锅炉设备的高度从 70m 降至 50m，方便了锅炉设备的安装、维护、检修，提高了设备的稳定性，创新设计了脱硝烟气温度调节机构，确保进入第四烟道内的高温烟气的温度始终保持在 350 ~ 400°C。适用于炼油、石化行业催化裂解装置节能技术改造。

3. 典型案例

某公司是具有 500 万 t/ 年原油综合加工配套能力的集炼油、化工于一体的大型综合性石油化工生产企业。

该公司拥有 120 万 t/ 年的余热锅炉，热回收效率低下，汽轮机存在备件周期长、维修费用高、汽耗偏高的问题，后对余热锅炉项目进行改造，安装容量 48t/h 的催化裂化余热锅炉系统。图 2−78 为设备检修现场图。

改造完成后，锅炉回收的余热废热锅炉的热力循环效率比中温中压锅炉提高了 5%，发电效率提高 10% ~ 15%，余热发电量为每年 10808 万 kWh，每年节约标煤 3.27 万 t，减排 CO_2 6.28 万 t，综合年效益 3000 万元。

图 2−78　设备检修

（二）裂解炉扭曲片管改造技术

1. 技术说明

裂解炉是乙烯生产装置的核心设备，主要作用是在800 ~ 900°C的温度下，通过0.2 ~ 0.4s的停留时间，把天然气、炼厂气、原油及石脑油等各类原料加工成裂解气，裂解气再通过下游的后处理单元最终加工成乙烯、丙烯及各种副产品等。生产中常用的裂解炉一般为管式裂解炉，主要由辐射室、对流室、余热回收系统、燃烧器、通风系统及冷却系统等部分组成。

按照普朗特边界层理论，流体在裂解炉辐射段炉管内流动时，在靠近管壁的位置存在流动边界层和温度边界层，边界层的热阻较大，导致传热效率显著降低，同时由于边界层的存在，使得炉管结焦速率增大，裂解炉运行周期缩短。因此，可通过对裂解炉炉管进行改造，在裂解炉辐射段炉管安装扭曲片管，将管内流体的流动形式由活塞流转变为旋转流，对炉管内壁形成强烈冲刷作用，大幅度减薄边界层厚度，增大辐射段炉管总传热系数，降低炉管管壁温度，降低结焦速率，延长裂解炉运行周期，降低能耗。

2. 应用场景

裂解反应是一个强吸热反应，反应温度一般为800 ~ 900°C，裂解反应通常需要8 ~ 14台裂解炉来完成，每台裂解炉内部结构都非常复杂，炉管内充满了易燃易爆的裂解气，改善裂解炉辐射段的炉内结构，加装新型扭曲片强化传热管，可有效强化传热效率，降低热应力，还可加强炉体稳定性，提高炉体的使用寿命，降低结焦速率，同时降低由于焦层脱落导致的炉管堵塞的概率。

3. 典型案例

某公司主要进行乙烯及下游衍生产品的生产、销售，企业拥有13套先进工艺技术和世界级规模的生产装置，全天24h生产，年生产365天。

企业现拥有裂解炉（见图2-79）11台，年产乙烯100万t，经调查显示，企业生产使用的乙烷炉、LPG气化炉、轻烃炉、石脑油炉、加氢尾油炉均有独立的燃料计量系统，其中，乙烷炉燃料单耗为4501kg/h，LPG气化炉的燃料单耗为 5935kg/h，轻烃炉的燃料单耗为 5357kg/h，石脑油炉燃料单耗为 5671kg/h，加氢尾油炉燃料单耗为 5693kg/h，各炉体年运行时间以 8000h 计，燃料消耗巨大，具有明显的节能潜力。

2016 ~ 2018 年，该公司先后在 7 台裂解炉上应用了新型扭曲片管强化传热技术，主要为裂解炉炉管加装新型扭曲片强化传热管。

改造完成后，可降低裂解炉辐射段炉管管壁温度，下降可达 20°C 以上，裂解炉使用周期延长 50% 以上，燃料用量下降约 0.5%，炉管传热效率提高 30%，降低热应力达 60% 以上，提高扭曲片管在高温下的稳定性，延长炉管使用寿命。每台裂解炉每年节约烧焦至少 2 次，在裂解炉生产负荷不变的情况下，可节省燃料折标煤约 10000t，且改造完成后，企业产能增加，合计产生的经济效益为 3648 万元。

图 2-79　乙烯裂解炉

（三）无刷双馈电机及变频控制技术

1. 技术说明

电机是一种将电能转变为机械能的电动机器，主要由一个产生磁场的电磁铁绕组或分布的定子绕组和一个旋转电枢或转子组成，在定子绕组旋转磁场的作用下，其在定子绕组有效边中有电流通过并受磁场的作用而使其转动，自

1831 年电机发明以来，电机的发展从传统的工频发展到变频，再从变频发展到永磁同步电机等，电机的工作效率不断提高，推动着企业生产不断进步。

无刷双馈电机是一种由两套三相不同极对数定子绕组和一套闭合、无电刷和滑环装置的转子构成的新型交流感应电机。两套定子绕组分别称为功率绕组和控制绕组，转子采用特殊绕线转子结构。基本原理是经过特殊设计的转子使两套定子绕组产生不同极对数的旋转磁场间接相互作用，并能对其相互作用进行控制来实现能量传递；既能作为电动机运行，也能作为发电机运行，兼有异步电机和同步电机的特点。改变控制绕组的连接方式及其供电电源电压和电流的幅值、相位以及频率能实现无刷双馈电机的多种运行方式。

2. 应用场景

电机的能耗跟电机的工作效率和功率因数有关，而电机的工作效率受到转子的材质、定子的设计规格、内部的结构等制约，功率因数与电流的稳定性、电机的负载状态、有无变频器、高次谐波电流有关，因此，降低电机的能耗需通过提高电机的工作效率和调节电机的功率因数。

双馈电机具有独立的励磁绕组，可以施加励磁，提高电机工作效率，调节功率因数。由于采用交流励磁，双馈发电机可以通过调节励磁电流幅值、改变励磁频率以及改变相位来调节功率。改变励磁频率可以充分利用转子的动能，减少对电网扰动。改变转子励磁的相位，可以对电机的功率进行调节，所以交流励磁不仅可调节无功功率，还可以调节有功功率。

3. 典型案例

某公司的原油一次加工能力为 500 万 t/ 年。主要产品有汽油、灯用煤油、3 号喷气式航空燃料油、轻柴油等 19 种。全天 24h 生产，年生产 365 天。

该公司 6 万 t/ 年 HF 烷基化装置水厂有 2 台循环水泵（15 号循环水泵和 16 号循环水泵，1 用 1 备），16 号循环水泵的驱动电机为 Y450−6 型三相异步电动机，整体泵机组工作效率仅为 55.69%，效率较低，平均电耗为 434.39kWh，耗电量大，现对 16 号循环水泵进行改造。

该公司循环水泵电动机节能改造项目采用 TZYWS450-6 型号无刷双馈电动机及变频调速控制系统替代 16 号循环水泵的 Y450-6 型三相异步电动机及控制系统（见图 2-80）。

改造完成后，谐波量变小，变频控制系统的功率仅占总功率的 1/3 ~ 1/2，节电率可达 30% ~ 60%，电机的工作效率可大大提高，最高可达 96%；取消了电刷和滑环，提高了系统整体运行的可靠性和安全性；可通过小容量低压变频系统控制高压大功率电机运行，调速范围 20% ~ 300%，实现变频调速节能；基本免维护，高效可靠低成本，占地面积小，无须高压系统的运行维护条件，没有复杂的冷却系统。年节电量为 109.24 万 kWh，折标煤 330.451tce。

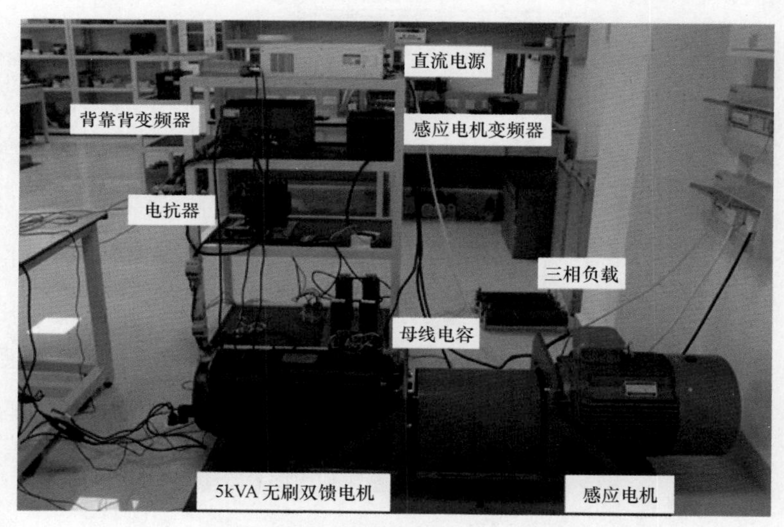

图 2-80　无刷双馈电机系统接线

（四）工业余热利用节能改造技术

1. 技术说明

工业余热一般是利用从工业生产系统或设备中回收的热量作为热源进行综合利用，有较好的节能减排效果，余热包括高温废气余热、冷却介质余热、废汽废水余热、高温产品和炉渣余热、化学反应余热等。

本技术是以第二类溴化锂吸收式热泵作为主要设备，采用中温热源驱动，热泵循环中蒸发压力和吸收压力高于发生压力和冷凝压力，借助其与低温热源的势差，可吸收低品位余热（热水、蒸汽或其他介质），将另外一部分中温热提升到较高的温度，生产高品位热蒸汽或热水，实现能源品位的提升。该类热泵以获取更高的输出温度为目的，由于其向环境或低温热源排放部分热量，其性能系数 COP 一般小于 1，为 0.3 ~ 0.5，系统运行过程中仅消耗少量的电能，具有显著的节能效果。图 2-81 为升温型工业余热利用技术路线图。

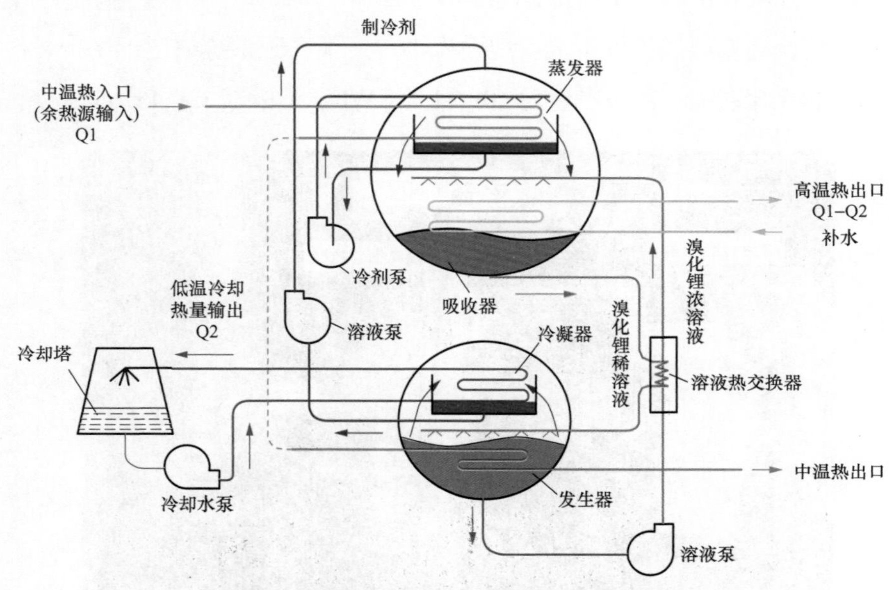

图 2-81 升温型工业余热利用技术路线图

2. 应用场景

余热回收利用是提高经济性、节约燃料的一条重要途径。余热的利用主要有两种功能：①生产低品质蒸汽供生产和生活所需；②生产高压蒸汽用来发电。本技术利用余热制备 0.3MPa 的低压蒸汽，并将蒸汽并入管网进行使用，不仅可回收大量的中温废热，还可降低能源消耗，节能降碳效果良好，且该技术是基于“互联网 +”的监控平台，数据的收集、整理及发布均通过互联网进行，机组控制参数及运行过程具备远程监控功能。

3. 典型案例

某公司主要经营范围包括丙烯、苯乙烯、芳烃、丙烷、液化气、航空煤油（3号喷气燃料）等产品的生产、销售，全天24h生产，年生产365天。

企业30万t乙苯装置运行过程中，中高温物料需使用冷却水进行冷却降温再使用，冷却水经与中高温物料换热形成热水，经调查，温度可达120°C、总量468.4t/h，原有处置措施是将热水通过循环水泵直接打入冷却塔进行散热处置，造成热量极大浪费。现对热水余热进行利用，安装二类热泵机组回收乙苯工艺装置热水余热。

该公司30万t/年乙苯装置工艺热水余热回收项目是以120°C热水作为驱动热源，制取0.30MPa（表压）的低压蒸汽，并入0.25MPa（表压）蒸汽管网使用。

改造完成后，该装置通过回收利用70°C以上的中温废热用于制备蒸汽，可多产0.3MPa蒸汽12.5t/h，节约循环水1400t/h，设备年运行时间按8000h计算，每年节约标准煤0.90万t，减排CO_2 1.73万t。该改造技术还可利用少量电能实现：将中温热源单级升温提供比废热源温度高30 ~ 40°C，但不超过150°C的热水或饱和蒸汽，能效0.45 ~ 0.48；将中温热源两级升温提供比废热源温度高40 ~ 60°C，但不超过175°C的热水或饱和蒸汽，能效0.3。

第十六节 橡胶制品行业节能提效技术及典型案例

一、行业概述

（一）行业特点

橡胶制品是指以生胶（天然橡胶、合成橡胶、再生胶等）为主要原料、各种配合剂为辅料，经炼胶、压延、压出、成型、硫化等工序制造的各类产品，还包括利用废橡胶再生产的橡胶制品。橡胶制品因其具有特殊的高弹性、优异的耐磨、减震、绝缘和密封等性能，广泛应用于汽车、工业机械、家电、船舶、化工、电力、铁路甚至航空、航天等领域。

橡胶制品行业具有技术密集和多学科交叉的特点，其研发涉及高分子材料与工程、化学工程与工艺、有机化学、材料学、机械、数字化与智能控制等多个学科技术，其生产过程主要包括配方设计、模具开发、混炼胶、预成型、硫化和修整等多个环节，不同企业从混炼到硫化的生产过程基本类似，行业技术水平差异主要体现为配方设计能力、工艺配套能力和产品设计能力三个方面。整体而言，目前我国橡胶行业发展的特点为：①自动化程度偏低，人工占比相对较高；②集中度低，低端产品产能过剩；③发展呈现集群化特点。

（二）生产工艺

橡胶加工的产品虽然种类繁多，但生产各种橡胶制品的原材料、工艺过程以及设备等都有许多共同之处。橡胶制品生产的基本工艺过程包括原材料准备、塑炼、混炼、压延、成型、硫化等基本工序。

（1）原材料准备。橡胶制品的主要材料有生胶、配合剂、纤维材料和金属材料。其中生胶为基本材料，配合剂是为了改善橡胶制品的某些性能而加入的辅助材料，纤维材料和金属材料是作为橡胶制品的骨架材料，以增加机械强度。

（2）塑炼。生胶富有弹性，缺乏加工时的必须性能，不便于加工，为了提高可塑性，要对生胶进行塑炼，将生胶的长链分子降解，形成可塑性的过程叫做塑炼。

（3）混炼。混炼就是将塑炼后的生胶与配合剂混合，放在炼胶机中，通过机械搅拌，使配合剂完全、均匀的分散在生胶中的一种过程。

（4）压延。压延是通过压延机辊筒对胶料的作用，将胶料压制成一定厚度的胶片并使胶片贴合在纺织物上擦胶和挂胶。

（5）成型。成型是将各种原材料活半成品加工造型，制成一定形状的初制品。

（6）硫化。硫化是硫化剂与橡胶在促进剂的作用下，在一定的温度和压力下，经过一定的时间进行化学和某些物理作用，使橡胶分子由线型结构变成网状结构的交联过程。

（三）行业标准

为促进橡胶制品工业生产工艺和污染治理技术的进步，2011 年环境保护部批准了《橡胶制品工业污染物排放标准》（GB 27632—2011），本标准规定了橡胶制品企业水和大气污染物排放限值、监测和监控要求。

1. 水污染物排放控制要求

根据《橡胶制品工业污染物排放标准》（GB 27632—2011）相关规定，现有企业及新建企业水污染物排放限值执行情况见表 2-19。

表 2-19　现有和新建企业水污染物排放限值

序号	污染物项目	直接排放限值		间接排放限值	污染物排放监控位置
		轮胎企业和其他制品企业	乳胶制品企业		
1	pH 值	6 ~ 9	6 ~ 9	6 ~ 9	企业废水总排放口
2	悬浮物（mg/L）	10	40	150	
3	五日生化需氧量（BOD_5，mg/L）	10	10	80	
4	化学需氧量（COD_{Cr}，mg/L）	70	70	300	
5	氨氮（mg/L）	5	10	30	
6	总氮（mg/L）	10	15	40	
7	总磷（mg/L）	0.5	0.5	1.0	
8	石油类（mg/L）	1	1	10	
9	总烃（mg/L）	–	1.0	3.5（见注1）	
基准排水量（m^3/t 胶）		7	80	（见注2）	排水量计量位置与污染物排放监控位置一致

注 1. 乳胶制品企业排放限值。

2. 表中直接排放的基准排水量适用于相应类型企业的间接排放。

根据环境保护工作的要求，在国土开发密度已经较高、环境承载能力开始减弱，或水环境容量较小、生态环境脆弱，容易发生严重水环境污染问题而需要采取特别保护措施的地区，应严格控制企业的污染排放行为，在上述地区的企业执行下表规定的水污染物特别排放限值。

执行水污染物特别排放限值的地域范围、时间，由国务院环境保护主管部门或省级人民政府规定，见表2-20。

表2-20　现有和新建企业水污染物特别排放限值

序号	污染物项目	直接排放限值		间接排放限值	污染物排放监控位置
		轮胎企业和其他制品企业	乳胶制品企业		
1	pH值	6～9	6～9	6～9	企业废水总排放口
2	悬浮物（mg/L）	10	10	40	
3	五日生化需氧量（BOD_5，mg/L）	10	10	20	
4	化学需氧量（COD_{Cr}，mg/L）	50	50	70	
5	氨氮（mg/L）	5	5	10	
6	总氮（mg/L）	10	10	15	
7	总磷（mg/L）	0.5	0.5	0.5	
8	石油类（mg/L）	1	1	1	
9	总烃（mg/L）	-	0.5	1.0（见注1）	
基准排水量（m^3/t胶）		4	80	见注2	排水量计量位置与污染物排放监控位置一致

注 1. 乳胶制品企业排放限值。

2. 表中直接排放的基准排水量适用于相应类型企业的间接排放。

2. 大气污染物排放控制要求

现有和新建企业大气污染物排放限值见表 2-21。

表 2-21 现有和新建企业大气污染物排放限值

序号	污染物项目	生产工艺或设备	排放限值（mg/m³）	基准排气量（m³/t胶）	污染物排放监控位置
1	颗粒物	轮胎企业及其他制品企业炼胶装置	12	2000	车间或生产设施排气筒
		乳胶制品企业后硫化装置	12	16000	
2	氨	乳胶制品企业浸渍、配料工艺装置	10	80000	
3	甲苯及二甲苯合计（1）	轮胎企业及其他制品企业胶浆制备、浸浆、胶浆喷涂和涂胶装置	15	–	
4	非甲烷总烃	轮胎企业及其他制品企业炼胶、硫化装置	10	2000	
		轮胎企业及其他制品企业胶浆制备、浸浆、胶浆喷涂和涂胶装置	100	–	

注 待国家污染物监测方法标准发布后实施。

现有和新建企业厂界无组织排放限值见表 2-22。

表 2-22 现有和新建企业大气污染物排放限值（mg/m³）

序号	污染物项目	限值
1	颗粒物	1.0
2	甲苯	2.4
3	二甲苯	1.2
4	非甲烷总烃	4.0

2021年4月1日，国家发改委、生态环境部、工业和信息化部发布《再生橡胶行业清洁生产评价指标体系》，该标准体系中对新鲜水消耗量指标、橡胶粉综合能耗、再生橡胶综合能耗进行了规定，具体指标值见表2–23。

表2–23　再生橡胶行业能耗指标限值

指标项	单位	Ⅰ级基准值		Ⅱ级基准值		Ⅲ级基准值	
新鲜水消耗量	m^3/t	≤ 0.20		≤ 0.50		≤ 0.75	
橡胶粉综合能耗	kgce/t	≤ 33	0[a]	≤ 38	0[a]	≤ 43	0[a]
再生橡胶综合能耗	kgce/t	≤ 110	≤ 57[a]	≤ 116	≤ 59[a]	≤ 122	≤ 61[a]

[a] 外购硫化橡胶粉生产再生橡胶企业的权重值。

二、节能技术

（一）锅炉TDS自动检测及连续排污技术

1. 技术说明

TDS称为溶解性固体总量，单位为mg/L，它表明1L水中溶有多少毫克溶解性固体，TDS值越高，表示水中含有的溶解物越多。锅炉TDS技术是指自动检测及连续排污，控制方法是将TDS感应器检测的电导率信号输入到TDS控制器，经计算与设定的TDS值比较，如果高于设定值则打开TDS控制阀排污，直到检测的炉水TDS（含盐量）低于设定值才关阀门。

TDS控制技术的工艺流程由锅炉TDS自动控制系统排出的锅炉污水首先进入闪蒸罐，将分离出的二次蒸汽引导锅炉给水箱直接回收利用，剩下的高温热污水再流经热交换器加热锅炉冷补给水，污水将至40°C以下排放。

2. 应用场景

蒸汽锅炉在运行时必须将炉水中溶解固形物的浓度（含盐量）控制在标准规定的范围内，才能安全运行。控制炉水TDS的最有效的方法就是连续排污，国标中规定，对于采用锅外化学水处理的蒸汽锅炉，当额定压力不大于1.0MPa时，炉水中的含盐量必须小于4000ppm。所以TDS自动检测连续排污技术广泛应用于蒸汽锅炉中。

3. 典型案例

某公司经营范围包括制造、销售轮胎外胎、内胎、垫带、实心轮胎、机动车车轮总成、挂车及半挂车零件、橡胶制品、轮胎配件及装配，机械加工及维修等。

该公司的蒸汽锅炉采用手动方式进行排污，效果差、故障率高，经常导致炉内的水质不符合规范，针对此种情况，企业采用 TDS 自动检测及连续排污技术。项目采用先进的锅炉自动 TDS 控制系统，项目完成后，系统运行稳定，其优点为：

（1）运行可靠，控制准确，在任何工况下都能将炉水控制在标准规定的范围内，避免腐蚀和结构，保障锅炉运行安全。

（2）避免蒸汽携带炉水现象，有效的保证锅炉蒸汽的品质，既提高了锅炉运行的稳定性和效率，又使下游蒸汽管道和用汽设备得到充分的保护，避免炉水的污染，减少维修和非正常停机，延长使用寿命。

（3）与收到排污相比，自动 TDS 控制系统能连续的检测炉水品质，自动根据检测结果控制锅炉排污率，有效的避免了人为的失误，而且比手动控制更准确可靠，保证炉内水质符合标准的条件下，使锅炉排污率最小，达到节能降耗，降低锅炉运行成本的目的。

蒸汽锅炉表面自动排污设备如图 2-82 所示。

图 2-82　蒸汽锅炉表面自动排污设备

（二）汽轮机组结构调整改造技术

1. 技术说明

汽轮机是以蒸汽为动力，并将蒸汽的热能转化为机械能的旋转机械，主要由转子和定子两部分组成，转子包括主轴、叶轮、动叶片和联轴器等，定子包括进汽部分、汽缸、隔板和静叶栅、汽封及轴承等。汽轮机的工作原理是来自锅炉的蒸汽进入汽轮机后，依次经过一系列环形配置的喷嘴和动叶，将蒸汽的热能转化为汽轮机转子旋转的机械能。因此，汽轮机的节能改造可通过对汽轮机的转子部分和定子部分的各个结构进行调整，以便达到最优运行工况。

本技术主要是通过调整汽轮机转子和定子的各个结构，继而改变运行工况来实现节能降耗。通过热力计算，重新设计汽轮机组运行参数，调整原机组压力级数，改变叶片型线，优化汽封结构，将整个通流面积进行调整，改造后机组运行参数满足实际工况需求。不更换新机，机组运行效率不低于出厂新机组设计值。

2. 应用场景

汽轮机可将蒸汽热能转化为机械能，在工业生产中，直接用汽轮机作为原动机来驱动一些大型的机械设备，如大型风机、给水泵压缩机等大功率设备。汽轮机节能改造技术无须更换新机，在原机组基础上，根据实际生产工况，通过热力计算，重新设计机组运行参数，调整机组通流面积，满足实际运行参数需求。该技术可适用于橡胶行业、火力发电行业、冶金行业、化工行业等汽轮机节能技术改造。

3. 典型案例

某公司主要经营范围包括热塑性弹性体（SBS）、溶聚丁苯橡胶（SSBR）、低顺式聚丁二烯橡胶（LCBR）等产品的制造、研究、开发及销售，设计产能为年产 SBS、SSBR、LCBR 合计 10 万 t。

企业拥有 1 套额定功率为 0.9MW 背压汽轮机组，生产过程中，通过操控平台控制汽轮机组来拖动生产设备，但后期为提高生产效率，对生产工艺进行改造，工艺的变动，导致蒸汽品质不能达到汽轮机运行要求，只能改用 900kW 电机带动生产设备运行，电耗大，生产用电成本大大提高，为改善现状，经考察调研和咨询相关专家，对汽轮机组进行改造，以适应实际的运行需求。

该公司汽轮机改造项目（见图 2-83），通过改造原汽轮机组使其在当前蒸汽品质下正常运行，将通流结构转子总成与气缸进行改造，通过热力计算，设计叶片型线，更换叶片，使其满足现有不稳定的蒸汽工况，同时更换特有汽封，减少漏汽，提高机组内效率，不再需要电机拖动。

改造完成后，汽轮机将代替 900kW 电机继续拖动生产设备运行，减少了设备用电，每小时可节电 900kWh，按年运行 8000h 计算，每年可节电 720 万 kWh，且汽轮机的改造，节约了用汽量，经统计，在同等运行工况下，机组汽耗值下降 8% ~ 12%，而产电量提升 8% ~ 12%，每年合计节约标煤 2340t，减排 CO_2 4494.35t。该项目综合年效益合计为 540 万元。

图 2-83 汽轮机现场图

（三）硫化过程深冷制氮技术

1. 技术说明

深冷制氮（见图 2-84）技术是通过将空气压缩、冷却、液化，利用氧气和氮气的沸点不同（在常压下氧气的沸点为90K，氮气的沸点为77K），在精馏塔的塔盘上使气、液接触，进行质、热交换，高沸点的氧不断从蒸汽中冷凝成液体，低沸点的氮不断的转入蒸汽中，使上升的蒸汽中含氮量不断提高，而下流液体中含氧量越来越高，从而使氧、氮分离，得到氮气或氧气，此技术相比较PSA制氮、液氮气化等技术，其主要优点是节能、制氮纯度高，纯度可达到99.999%。

其工艺流程包括空气压缩及净化、空气分离、液氮汽化。

（1）空气压缩及净化。经空气过滤器清除灰尘和机械杂质后的空气进入空气压缩机，压缩至所需压力，然后送入空气冷却器，降低空气温度。再进入空气干燥净化器，除去空气中的水分、二氧化碳等杂质气体。

（2）空气分离。净化后的空气进入空分塔中的主换热器，被返流气体冷却至饱和温度，送入精馏塔底部，在塔顶部得到氮气，冷凝后的液氮一部分作为精馏塔的回流液，另一部分作为液氮产品分离出空分塔。

（3）液氮汽化。由空分塔出来的液氮进液氮贮槽贮存，当需要氮气参与生产反应时，贮槽内的液氮进入汽化器被加热后，送入产品氮气管道。

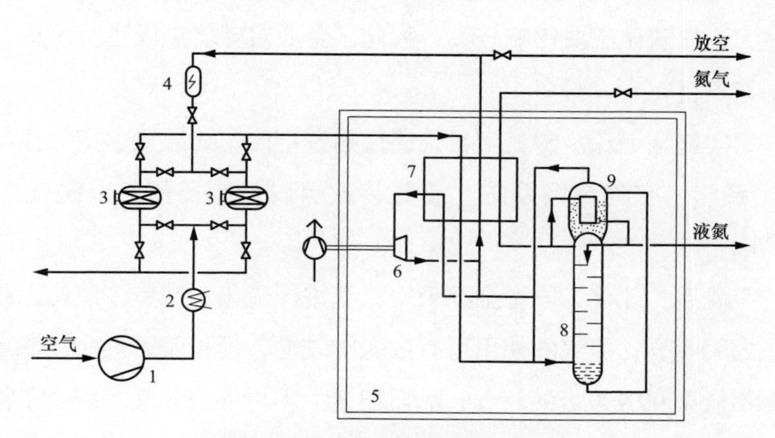

图2-84　深冷制氮工艺流程图

1—空气压缩机；2—预制冷机；3—分子筛吸附器；4—电加热器；5—冷箱；6—透平膨胀机；7—主换热器；8—精馏塔；9—冷凝蒸发器

2. 应用场景

轮胎生产过程中，硫化是最重要也是最后的生产环节，现在轮胎生产企业多采用充氮气硫化，氮气硫化的主要优点是节能和延长胶囊寿命，可节省蒸汽80%，胶囊使用寿命可延长1倍。硫化用氮气的纯度要求达99.99%，最好达到99.999%，氮气纯度不够，不仅会影响产品的合格率，还会影响储气胶囊的使用寿命，因此，制备高纯度氮气是轮胎生产行业的技术难题。本技术是通过对空气进行压缩、净化、分离，最终得到99.999%的高纯度液氮，可较好应用于轮胎硫化工艺。

3. 典型案例

某公司是全国十大轮胎公司和全国化工企业百强之一，公司主要从事轮胎研发、生产及销售，现有员工7000多人。

企业原硫化工段采用“蒸汽+氮气”进行硫化，蒸汽由锅炉进行制备，企业未建设氮气净化装置，氮气外购，但随着市场需求扩大和生产能力的扩充，硫化工段使用蒸汽+外购氮气进行硫化的制约性更明显，蒸汽制备过程消耗大量的电能和水，能耗成本高，而外购的氮气一方面成本高，另一方面氮气的品质波动性大，对硫化工段影响较大，为此，企业对硫化工段进行改造，建设全钢深冷制氮项目。

该公司实施全钢深冷制氮项目，通过购置空气压缩装置、空气预冷装置、空气纯化系统、空气精馏系统、液氮装置等设备制备氮气，氮气产生量为2000Nm^3/h。

改造完成后，硫化工段可全部采用氮气进行硫化，减少了硫化工段蒸汽消耗，节能效果明显；氮气的使用可有效保护胶囊，延长胶囊寿命；深冷制氮可制取纯度不低于99.999%的氮气，品质稳定，不再外购氮气，减少了氮气的购入成本，同时避免了因氮气品质的不同影响硫化产品的品质。深冷制氮工艺不仅可以生产氮气而且可以生产液氮，整体采用先进的DCS（或PLC）计算机控制技术，实现一体化的控制，可有效的监控整套设备的生产过程。图2-85为制氮机工作原理及流程图。

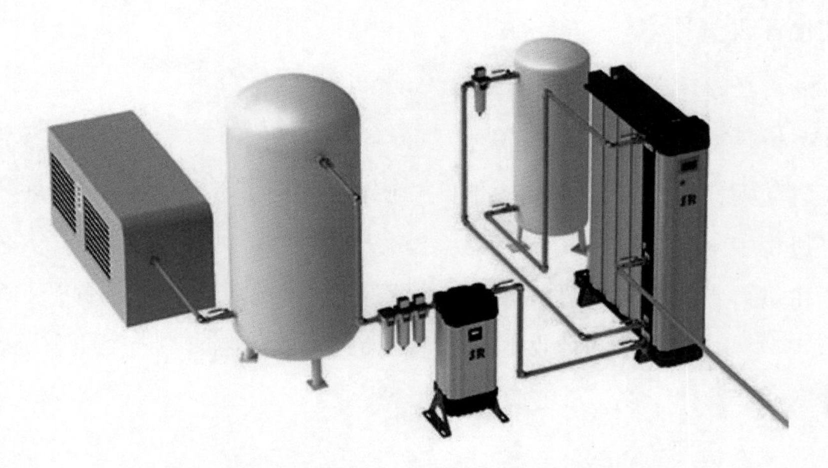

图 2-85　制氮机工作原理及流程图

（四）压缩空气系统节能改造技术

1. 技术说明

压缩空气系统一般由空气压缩机→储气罐→过滤器→干燥机→输气管道→用气端口组成，压缩空气是通过空气压缩机来产生的，压缩机可把机械能转变为气压能。

本技术是通过对现有空压机系统进行测试和考评，找出空压机制气环节、输送环节、用气环节存在的问题，并根据实际情况改造空压机系统，具体改造内容包括：

（1）增加空压机群专家控制系统。对空压机进行集中控制，并根据历史运行数据进行用气预测，利用智能算法最优化空压机群运行，减少空载时间，解决持续高压不卸载等问题，实现对各用气环节进行按需供气。

（2）增加变频器监控功能模块。对空压机进行变频改造，削减空压机耗电，并使空压站输出压力保持平稳。

（3）管网优化。将用气环节分为高压供气和低压供气两类，实施分压供气。

（4）查漏堵漏。对用气设备进行查漏堵漏。

（5）增加流量计量监测管理系统。实时测量流量、压力等数据，提高企业精细化管理水平。

2. 应用场景

空压机是工业企业常用的辅助生产设备，可用作风动工具、气动扳手、风镐等空气动力，也可用作化工行业气体的合成和聚合等。空压机一般是工业企业生产过程中主要的耗能设备，额定功率从几十千瓦到上千千瓦不等，因此，对空压机进行更新换代或调整空压机系统的运行方式，使其更符合工业企业实际运行工况，可有效降低企业生产电耗，节约企业用电成本。空压系统改造可适用于钢铁、焦化、化工、橡胶、医药等行业。

3. 典型案例

某公司专门从事子午线轮胎、橡胶制品、胎圈钢丝等业务，设计年产全钢载重子午胎 280 万套，全天 24h 生产，年生产 330 天。

该公司生产过程中主要用气设备包括成型机、硫化机、动平衡检测机、帘布裁断机、内胎充气设备等。企业现有昆西品牌的螺杆式空压机 9 台，经调查，压缩空气制造环节在信息化管理系统，压力上下限加卸载方式，压缩机单独依据出口压力独立控制等方面存在问题；压缩空气输送环节存在管网中缺少环型配管及管径不合理，管路含水量高，无实时流量计量反馈监测系统等情况；压缩空气使用环节存在气动元件及管路的泄漏，压力匹配不合理，不合理的压力分级等问题。现对企业空压系统进行改造。

该公司实施压缩空气系统节能改造项目，在原有空压系统的基础上增加空压机群专家控制系统、变频器监控功能模块、管网优化、查漏堵漏、流量计量监测管理系统等。

改造完成后，空压机群专家控制系统可利用智能算法，优化空压机运行，使空压机处在最优运行状态，可有效降低用电消耗，经统计，每年可节约用电 424.9 万 kWh，节能率可达 33%。利用流量计量监测管理系统能够采集各点压力和流量等数据，能够客观反映各个用气端和管网压力及用气状况，及时发现压缩空气系统流量及压力异常。并通过无线通信方式，将数据传输至中控室。

第十七节　乳制品行业节能提效技术及典型案例

一、行业概述

（一）行业特点

乳制品包括液体乳（巴氏杀菌乳、灭菌乳、调制乳、发酵乳）；乳粉（全脂乳粉、脱脂乳粉、部分脱脂乳粉、调制乳粉、牛初乳粉）；其他乳制品等。

乳制品行业可拆解为奶牛养殖、乳品加工、零售分销三大环节，产业链划分见图 2-86。上游养殖业周期性强，牧场进行乳牛养殖，出售原奶。中游为乳制品加工业，加工企业购入生鲜乳或大包粉，将其生产为液体乳、乳粉、奶酪等产品。下游通过线上线下多渠道将产品销售至消费者手中，消费属性强。我国乳制品产业链的发展并不均衡，中游企业加工能力强，但养殖与销售环节相对薄弱。

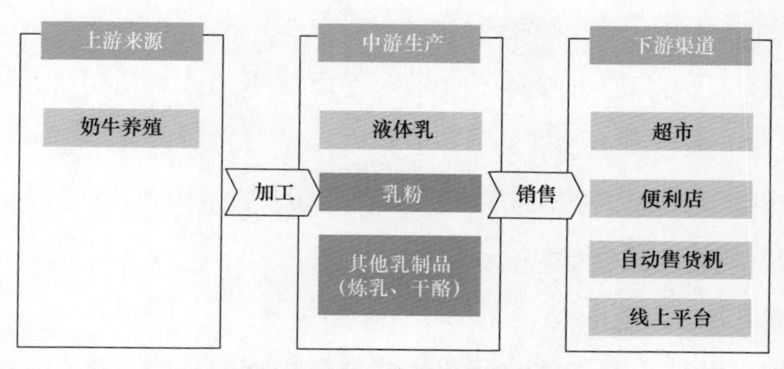

图 2-86　乳制品行业产业链

（二）生产工艺

乳制品包括液体乳（巴氏杀菌乳、灭菌乳、调制乳、发酵乳）、乳粉（全脂乳粉、脱脂乳粉、部分脱脂乳粉、调制乳粉、牛初乳粉）、其他乳制品等，分为液体乳类、乳粉类、炼乳类、乳脂肪类（奶油）、干酪类、乳冰淇淋类、其他乳制品类（干酪素、乳糖、奶片）等。其中与人们生活需求联系密切的有液体乳（纯牛奶、酸奶等）和乳粉，下面主要介绍液体乳加工工艺和乳粉加工工艺。

乳制品加工的产品虽然种类繁多，但生产各种产品的原材料处理有许多共同之处，包括生鲜乳预处理、标准化系统处理、前储罐储存三个基本工序。

（1）生鲜乳预处理。主要分为原奶检验、收奶与计量、过滤、冷却、贮存等环节，原奶经过检验、收奶与计量，过滤掉大块杂质，后降温在原奶罐中暂存，用于生产。

（2）标准化系统处理。主要分为预热分离、均化混合、浓缩、巴氏杀菌等环节，原奶经过预热分离，进行均质混合，通过闪蒸浓缩后冷却至适宜温度。

（3）前储罐储存。将经过标准化系统处理的原奶在前储罐中进行低温贮存。

经过上述处理后，乳制品加工根据产品的不同，将前储罐中的原奶进行不同的加工工艺，工艺过程如下：

（1）乳粉加工工艺。工艺流程：生鲜乳预处理→标准化系统处理→前储罐储存→工业化干燥→冷却储存→包装→成品。

1）工业化干燥：通过喷雾干燥塔对前储罐中的原奶进行加热，水分以蒸汽形式被蒸发出去，残留物即为乳粉。

2）冷却储存：通过冷却床，将工业化干燥产生的乳粉冷却到40℃以下，经过粉筛送入奶粉仓进行储存。

（2）酸乳加工工艺。

1）凝固型酸奶生产工艺流程：生鲜乳预处理→标准化系统处理→前储罐储存→接种→搅拌→灌装封口→发酵→冷却→后熟。

2）搅拌型酸奶生产工艺流程：生鲜乳预处理→标准化系统处理→前储罐储存→接种→发酵→搅拌→灌装封口→冷藏→后熟。

凝固型酸乳用于纯酸奶的生产，纯酸奶要有良好的组织状态，要防止有裂纹出现，需先冷却分装，后培养发酵；搅拌型酸乳还可用于果味、果料等花色品种酸奶的生产，带有果料的酸奶，影响乳酸菌的发酵，不能保持良好的组织状态需先冷却接种发酵，后搅拌加果料、分装。

（3）纯牛奶加工工艺。工艺流程：生鲜乳预处理→标准化系统处理→前储罐储存→配料添加→ UHT 工艺处理→包装→成品。

1）配料添加：将配料添加至纯牛奶 UHT 前贮罐内，进行均质处理、混合均匀，取样检验后进行贮存。

2）UHT 工艺处理：此时已进入超高温杀菌工艺段，将 UHT 前贮罐中的混合料液进行预热，在脱气罐中进行真空脱气，后续进行均质处理、高温杀菌，冷却后送入无菌罐进行贮存。

（三）行业标准

原国家环境保护总局于 2006 年 11 月 22 日发布《清洁生产标准 乳制品制造业（纯牛乳及全脂乳粉）》（HJ / T 316—2006）标准，该标准规定了纯牛乳的清洁生产标准的指标要求，指标中涉及资源能源利用指标、产品指标、装备要求、污染物产生指标等，具体见表 2-24。

表 2-24　乳制品制造业（纯牛乳）清洁生产标准指标要求（部分）

项目	一级	二级	三级
一、资源能源利用指标			
原料乳合格率	≥ 98.5%	≥ 98.0%	≥ 97.0%
原料乳损耗率	≤ 0.5%	≤ 2.5%	≤ 5.0%
干物质利用率	≥ 99.5%	≥ 99.0%	≥ 98.5%
耗水量（m^3/t）	≤ 1.0	≤ 3.5	≤ 7.0
综合能耗（GJ/t）	≤ 1.0	≤ 10.0	≤ 15.0

续表

项目	一级	二级	三级
二、产品指标			
包装材料	50% 以上采用可循环使用、可降解材料	20% 以上采用可循环使用、可降解材料	
三、装备要求			
设备	与物料接触的部分采用不锈钢材质		
清洗装置	可采用 CIP 清洗的部位，全部采用 CIP 清洗	关键设备及管路采用 CIP 清洗	关键设备采用 CIP 清洗
四、污染物产生指标			
COD 产生量（kg/t）	≤ 2.0	≤ 7.0	≤ 14.0

二、节能技术

（一）特制电机技术

1. 技术说明

特制电机的定子采用低损耗冷轧硅钢片、VPI 真空压力浸漆技术，转子采用高纯度铝锭，优化设计风扇、通风系统、电机线圈绕组等部位降低了定子铜耗、转子损耗、铁耗、机械损耗、杂散损耗等损耗，综合提升电机效率，可满足各种空载、满载以及变频系统需求。电机效率提高 12%，节电率可达 8% ~ 20%。

2. 应用场景

特制电机技术通过优化设计风扇、通风系统、电机线圈绕组等部位，提高电机效率，降低各类损耗，适用于电机系统节能技术改造。

3. 典型案例

某公司经营范围包括生产、加工、销售乳制品等。该公司由于工厂建厂时间较长，现场设备普遍效率不高，部分设备存在大马拉小车的状态。

该公司实施的改造项目主要采用特制电机（见图 2-87）替换高耗能电机。

项目建成后，据统计每年可节约电量约 345 万 kWh，折标煤 1043.63tce，减排 CO_2 约 2004.45t。该项目综合年效益合计为 241.5 万元。

图 2-87　特制电机示例

（二）蒸汽冷凝水闭式回收系统技术

1. 技术说明

蒸汽冷凝水是高温蒸汽经换热器换热后冷凝形成的液态冷凝水，冷凝水一般从室内机蒸发器下面的集水盘流出，蒸汽冷凝水含有大量的热能，热值大约为蒸汽热值的 20% ~ 30%。蒸汽冷凝水接近蒸馏水，冷凝水的含盐量远低于软化水，重复循环使用可以使锅水的浓缩过程延长，回收合格的蒸汽冷凝水可以改善锅炉的运行工况，减少锅炉排污以及排污热的损失，提高锅炉补水的温度，减少软化水的生产，节能效益非常可观。

闭式回收冷凝水系统是将蒸汽在换热设备释放潜热后产生的高温冷凝水（及疏水器漏汽）由适合闭式回收的连续疏水器顺利疏出，流经密闭的管道，通过自力增压器、多路共网器等辅助设备的调整，顺利地回收到闭式回收冷凝水装置中，再用装置配置的高温冷凝水泵自动输送到低温换热器（低温流体物料预热、热力除氧器补水预热或采暖换热）、热力除氧器或锅炉。使冷凝水及疏水器漏汽的热量和软化水得到充分的回收和再利用，可有效节约用水，减少蒸汽消耗。

2. 应用场景

蒸汽冷凝水的品质远高于软化水，接近纯水，是优质的热源水，合理使用可有效减少锅炉燃料消耗，减少软化水用量，减少蒸汽使用成本。闭式回收冷凝水系统可有效对蒸汽冷凝水进行回收利用，可应用于锅炉系统补水、CIP 系统（原位清洗）清洗等多个环节，不仅可节约软水制备过程水、电等能源消耗，还不会对锅炉、储罐、反应釜等设备造成腐蚀损害，提高设备使用寿命。

3. 典型案例

某公司建有生产线 62 条，设计年产乳制品 60 万 t，企业已实现全自动化生产，年生产 365 天。

该公司原使用热水炉加工热水用于 CIP 系统清洗，年用水量大，年用水量超 10 万 t，且热水炉加热热水使用天然气，年天然气用量 62 万 m^3，能耗较高；而企业预热、降膜蒸发、巴氏杀菌等工序都需要外购蒸汽，外购的蒸汽经换热后，冷凝水排入厂内污水厂进行处理，造成热水大量浪费。

该公司实施蒸汽冷凝水回收利用项目，对蒸汽冷凝系统进行改造，将冷凝水利用储罐暂存，通过水泵、管道直接用于 CIP 系统清洗。

改造完成后，用于预热、降膜蒸发、巴氏杀菌等环节的蒸汽，经换热冷凝后直接用于CIP系统清洗过程，可大大降低水和天然气消耗，节能明显，经统计，每年可节约天然气 62 万 m^2，节约新鲜水用量 10 万 t，合计折标煤 826.4t，天然气单价以 5 元 /m^3 计，水单价以 6 元 /t 计，则年可节约天然气成本 310 万元，年可节约用水成本 60 万元，合计经济效益 370 万元。

（三）双效降膜蒸发器技术

1. 技术说明

双效降膜蒸发器（见图 2-88）由加热蒸发器、分离器、冷凝器、热压泵、保温管、真空系统、液料输送泵、冷凝排水泵组成，将两个单效降膜蒸发器串联在一起，把首效蒸发器产生的二次蒸汽当作加热源，引入另一个蒸发器，只要控制蒸发器内的压力和熔沸点，使其适当降低，就可利用一效蒸发器产生的二次蒸汽进行加热。

物料由加热室加入后，经液体分布器分布后呈膜状向下流动。在管内被加热汽化，被汽化的蒸汽与液体一起由加热管下端引出，经气液分离后即得到浓缩液。

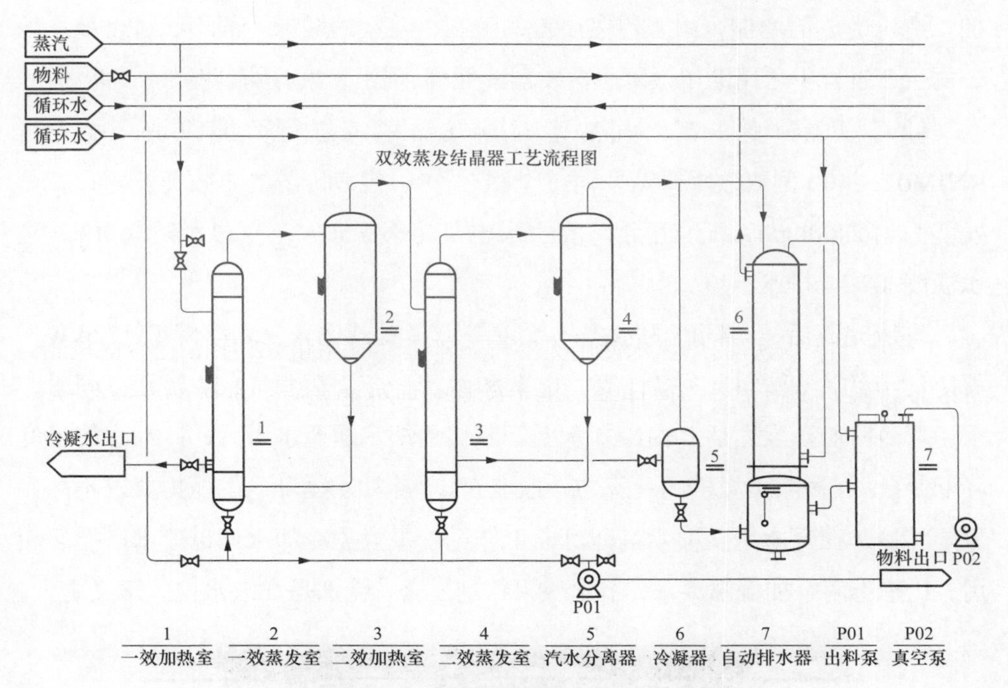

图 2-88　双效降膜蒸发器工艺流程图

2. 应用场景

由于物料的停留时间短，传热系数高，一般多用于处理热敏性物料，也可以用于蒸发黏度较大的物料，但不适宜处理易结晶的溶液，因此，双效降膜蒸发器在工业食品行业使用较为普遍，常见的有乳制品、葡萄糖、淀粉、木糖、制药等行业。

3. 典型案例

某公司经营范围包含乳及乳制品、副食品、饮料食品、添加剂食品等工业原料。

在乳制品工业生产中，选用先进合理的机械设备，对于确保产品质量，降低操作和维护费用，提高乳制品的竞争力和经济效益，促进乳制品工业的发展与技术进步有重要意义。乳制品工业生产中传统的单效降膜蒸发器是通过提高蒸汽的利用次数来达到节能降耗的目的，然而，效数的增加使钢材耗量成倍增加，造价也成倍增加，由于传热温差的限制，效数的增加一般不超过七效。该公司生产过程中采用的单效降膜蒸发器能耗高、用水量大，具有明显的节能潜力。

针对以上问题，该公司决定对蒸发器系统进行节能改造，以两台RNJM02-2400型双效降膜蒸发器（见图2-89）代替传统的单效蒸发器，其蒸发能力为2400kg/h，配套用水环真空泵电机功率5.5kW，冷却水耗量9t/h，进水温度10°C，排水温度38°C。

改造完成后，与同能力水力的单效降膜蒸发器比较，功率降低13.5kW，每小时节约冷却水13t。经计算，电费和水费一年可降低14.34万元。同时，采用双效降膜蒸发器后，由冷却水循环泵将冷却水送至水塔后，冷却水的温度降低8°C，在多数蒸发器的计算中一般取6°C。冷却水循环泵的压力要求不高，只要将冷却循环水送至凉水塔即可，工作过程中只需冷却水通过凉水塔循环使用，几乎不用补加低温冷水，节水效果特别显著，特别是在缺水地区意义更大。

图2-89　双效降膜蒸发器

（四）高效喷雾干燥技术

1. 技术说明

离心喷雾干燥机的工作原理是空气经初、中、高效过滤后进入空气加热器，当空气加热到设定的温度后以切线方向进入热风分配器，经热风分配器作用后的空气，均匀地、螺旋式地进入干燥室，同时料液由雾化器雾化为 20 ~ 60μm 的雾滴，当雾滴与热空气接触后就迅速汽化干燥为粉末或颗粒产品。干燥粉末或颗粒产品落到干燥室的锥体四壁并滑行至锥底进入积粉筒（或采用旋风分离器直接收料），少量细粉随空气进入旋风分离器进行分离，最后废气由风机排出口排出，或进入水沫除尘器后再排出，物料不会损失。

2. 应用场景

高速离心喷雾干燥是液体工艺成形和干燥工业中最广泛应用的工艺，使用控制好料液浓度、进料量、进风温度、出风温度、送风量，能很好地控制产品质量，工艺过程连续性好，热效能高，废气废水少，干燥室有负压，车间内粉尘少，生产效率高，操作人员少。适用于从溶液、乳液、悬浮液和糊状液体原料中生成粉状、颗粒状固体产品。

3. 典型案例

某公司是集产品研发、乳品生产、市场销售为一体的专业乳品企业。公司于2008年在厂区内进行二期婴幼儿配方奶粉生产线工程扩建和冰品车间建设，2010 年建成投产，形成一条日处理鲜奶能力 200t 婴幼儿配方奶粉生产线，冰品生产线日生产冰品 100t。公司采用国内先进的乳粉成套生产线，其中包括：2 套 20t/h 收奶预处理杀菌系统、30t/h 配料均质系统、2t/h 四效蒸发浓缩系统、2t/h 压力喷雾干燥系统及四段流化床冷却系统、包装分装系统等；公司引进了国际先进的生产设备和技术，整个生产线采用微机自动控制和全过程监测系统，是我国目前乳制品行业自动化较高、质量较好的设备之一，乳粉年设计生产能力 2 万 t。

该公司现有 4 台 0.5t/h 的低效喷雾干燥设备，低效高能耗，已不能满足现有生产需要。公司采用 4 台只用排风机而不用进风机的离心喷雾干燥机组替代原来的喷雾干燥机组，实现喷雾干燥系统的升级改造。项目建成后，单台离心喷雾干燥机组由原来的 0.5t/h 提升至 2t/h，干粉回收率不低于 95%，经测算，每年综合经济效益超过 17 万元。

第十八节　食用油行业节能提效技术及典型案例

一、行业概述

（一）行业特点

食用油品类繁多，是国民生活的必需品，随着大众对健康关注程度的持续攀升，关于食用油的品质、营养价值以及质量安全问题受到越来越多的关注，生活中常见的食用油包含大豆油、菜籽油、花生油、芝麻油、食用植物调和油等。从国内食用油发展历程来看，整体可分为四个阶段，第一阶段为计划经济阶段；第二阶段为食用油的快速发展阶段，我国食用油加工行业快速跃居全球前列；第三阶段为消费升级发展阶段，该阶段也是整个食用油行业步入的新的发展阶段；第四个阶段是消费者时代阶段，以消费市场为导向，人性化、定制化开发食用油产品。

未来，在政策的指引下食用油行业发展趋势将向“四化”阶段，即“品牌化”“小包装化”“高端化”和“细分化”发展。

（二）生产工艺

我们市面上的食用油从制作工艺来讲分为压榨油和浸出油，主要是由于它们的制取方法不同，一种叫浸出法（化学法），另一种叫压榨法（物理法）。

1. 浸出法

浸出法是一种应用化学萃取的原理，主要使用能够溶解油脂的有机溶剂（六号轻汽油），油料经过充分浸泡产生化学反应，使油料中的油脂被萃取出来的一种制油方法。但由于溶剂残留味道比较重，不能食用，所以要进行高温提取，经过“六脱”工艺（脱脂、脱胶、脱水、脱色、脱臭、脱酸），浸出后再精炼的油，使其达到原标准一、二级或新标准浸出油三、四级，由于经过多道化学处理，油脂中的很大部分天然成分被破坏，且有溶剂残留。浸出法制油最大的特点是出油率高、劳动强度低、生产成本低。

浸出工艺流程：油料破碎→化学浸出→高温分离→高温精炼→添加防腐剂→成品油。

2. 压榨法

压榨法是一种借助机械力的作用，将油脂从油料中挤压出来的取油方法，是靠物理压力将油脂直接从油料中分离出来，物理压榨法的生产工艺要求原料要精选，油料经过细致的去杂、去石后进行破碎、蒸炒、挤压，压榨过程中添加炒籽，经榨机压榨后，采用离心过滤提纯技术、长时间自然沉淀而制成的，全过程不涉及任何化学添加剂，保证产品安全、卫生、无污染，天然营养不受破坏。但压榨后油渣残油量高，动力消耗大，零件易损耗，所以压榨法出油率低、劳动强度大、生产成本相对较高。

压榨工艺流程：油料精选→油料加温→压榨→沉淀过滤→初榨油。

（三）行业标准

为降低食用油加工企业能源消耗限额，已有相应的能源消耗限额标准和计算方法出台，比如，河北省出台了《食用油（大豆油、玉米油、花生油）单位产品能源消耗限额及计算方法》，本方法规定了食用油（大豆油、玉米油、花生油）单位产品能源消耗限额的术语和定义、技术要求、能耗统计范围、计算方法、节能管理与措施，适用于河北省辖区内食用油（大豆油、玉米油、花生油）生产企业进行能耗的计算、考核。

食用油生产工序能耗及产品综合能耗限额见表 2-25。

表 2-25　食用油生产工序能耗及产品综合能耗限额

<table>
<tr><td rowspan="6">食用油分类</td><td rowspan="4">大豆油</td><td colspan="3">单位产品（工序）综合能耗限额限定值（kgce/t）</td></tr>
<tr><td rowspan="2">工序能耗</td><td>制油工序</td><td>43</td></tr>
<tr><td>炼油工序</td><td>32</td></tr>
<tr><td colspan="3">200</td></tr>
<tr><td>花生油</td><td colspan="3">185</td></tr>
<tr><td>玉米油</td><td colspan="3">85</td></tr>
</table>

二、节能技术

（一）大豆脱皮动态连续式生产技术

1. 技术说明

连续式生产又叫流程型生产，工艺过程是连续的，在生产过程中，所需要的物料基本都是均匀连续的按照生产工艺进行的，生产工艺的过程连续性较强，过程中原材料一般会发生一定的物质改变。连续生产技术，因其具有更高效、灵活等优势，已经逐渐成为各行业的主流技术趋势。

2. 应用场景

连续生产技术通过实现工艺操作单元之间的自动连接，消除了步骤之间的等待操作，可以带来的收益有：提高工艺收率和生产效率；改善产品质量；降低厂房占地。因其技术的优势，动态连续式生产技术目前广泛应用于各行业，比如化工、炼油、冶金、食品、造纸等，都属于连续性生产企业。

3. 典型案例

某公司目前拥有榨油、精炼、特种油脂、小包装、饲料、面粉、大米、制桶、磷脂、米糠油、谷朊粉等专业生产厂，主要生产食用油、面粉、大米、谷朊粉豆粕、饲料等粮油产品。

该公司在大豆脱皮工序采用常规的间歇式生产方式，加热软化大豆需要耗用大量蒸汽，并且生产效率较低。图 2-90 为大豆脱皮机。

图 2-90 大豆脱皮机

为降低能耗，企业采用新工艺改变常规做法，改静态间歇式生产为动态连续式生产，在工序中使用输送设备，配合使用少量循环加热空气完成大豆加热过程。

项目改造完成后，加热每吨大豆平均蒸汽耗用量比传统工艺降低约 20kg，大大降低热能的耗用，全年可节省蒸汽费用约 300 万元。

（二）植物油精炼污水处理工艺改造技术

1. 技术说明

油脂精炼是指半炼油经过脱色、脱臭等一系列复杂工序加工后的得到的油脂产品，精炼可去除植物油中所含固体杂质、游离脂肪酸、磷脂、色素、异味等，但油脂精炼过程也会产生含有高浓度动植物油、COD、TP 及 SS 等污染因子的工艺废水，对污水处理设施和周围环境影响较大，因此，改进精炼污水处理工艺刻不容缓。

油脂精炼污水常采用酸化隔油和一级斜板隔油工艺进行处理，但处理效率低，污水排放不达标，企业面临重大环保问题。本技术主要是替代传统的酸化隔油和一级斜板隔油工艺，新增预处理工艺，即静置分离隔油→三级斜板隔油→硫酸亚铁絮凝后气浮→芬顿氧化的新工艺。静置分离隔油设置2座，采用“一备一用”的进水方式，池内污水沉降时间约24h，池内安装集油管，池底设排泥斗；静置分离隔油后的污水，再经三级斜板深度隔油；三级斜板隔油后精炼污水通过添加硫酸亚铁絮凝后再气浮。

2. 应用场景

植物油精炼过程中产生的污水pH值为7 ~ 12，属于高浓度废水。在实际生产过程中，遇到车间设备清洗、其他废水排入及油品难加工的情况下，COD_{Cr}含量更高，甚至可超过5150mg/kg，对一般的传统精炼污水处理工艺负荷冲击较大，严重时可造成生化处理工段填料层严重钙化，甚至导致污水生化处理工段处于瘫痪状态。本技术操作简单，有利于后续生化段水质稳定，对细菌几乎无冲击影响，排放出的水质更环保，可100%达到国家一级排放标准，完全适用于植物油加工厂精炼污水的净化处理。

3. 典型案例

某公司主要进行食用油加工、销售等，全天24h生产，年生产300天。

企业在生产过程中，当精炼污水中COD_{Cr}含量较高、浓度波动较大时，酸化隔油池隔油分离效果差，乳化油无法得到有效分离，为提高处理效率，后续加大了浓硫酸和石灰的用量，造成随后一系列污水处理工艺效果都受到严重的影响，因此，有必要对现有工艺进行改造。

该公司实施精炼污水处理工艺改造项目，拆除传统的酸化隔油和一级斜板隔油工艺，新增预处理工艺，即静置分离隔油→三级斜板隔油→硫酸亚铁絮凝后气浮→芬顿氧化的新工艺（见图2-91）。

改造完成后，污水处理工艺新增静置分离隔油和三级斜板深度隔油，可使污水含油率下降99.33%；通过添加硫酸亚铁絮凝后再气浮，污水排口COD_{Cr}平均含量降至31.5mg/kg，平均降低78.42%，含磷量平均降至0.042mg/kg，平均降低了78.57%；石灰用量下降70% ~ 80%，由于石灰用量减少，生化段填料层钙化率可大幅降低，污水车间污泥量减幅65.04%，水处理成本下降20% ~ 30%。

图 2-91 植物油精炼工艺与污水处理设备

（三）汽提塔二次蒸汽热量回收利用技术

1. 技术说明

在炼油工业中常以蒸汽为汽提剂将油品种的轻组分脱除，汽提过程常用的设备为汽提塔。汽提是浸出车间原油脱溶的最后一道工序，汽提温度一般为 105 ~ 110°C，压力一般为 −0.065 ~ 0.07MPa。根据调查，一般汽提塔排放的二次蒸汽直接进入冷凝器冷凝，造成热量浪费，因此，对汽提塔进行改造，将二次蒸汽剩余的热量进行回收利用，可有效节约蒸汽用量，节能降耗。

本技术是将汽提塔到汽提冷凝器管道断开，安装一台换热器，将汽提塔二次蒸汽引入新增换热器的壳程，与一蒸出来的混合油通过新增换热器管层进行换热，换热后的混合油通过新安装的管道返回到原汽提油与一蒸出来的混合油换热器，与汽提塔出来的原油再次换热后进入二蒸；在新装的换热器中汽提塔二次蒸汽将混合油温度提升，换热后的汽提塔二次蒸汽用管道连接回汽提冷凝器。

2. 应用场景

油脂加工厂生产过程中，汽提塔要消耗大量的蒸汽，蒸汽消耗量约占全部蒸汽用量的 20%，蒸汽消耗大，现有汽提塔产生的二次蒸汽直接进入冷凝器进行冷凝回收，热能没有得到充分的利用，不仅造成了一定的蒸汽浪费，同时也加大了循环水热负荷，导致蒸发系统出现真空不稳定等问题，因此，汽提塔二次蒸汽热量回收利用技术对油脂加工厂有重要意义。该技术可适用于油脂加工厂汽提塔节能技术改造。

3. 典型案例

某公司设计年加工大豆 150 万 t，生产一级大豆油与三级大豆油 27 万 t、豆粕 120 万 t、粗磷脂 2.1 万 t。全天 24h 生产，年生产 300 天。

企业建有两条日加工 2500t 生产加工线，以 2500t/d 大豆加工厂为例，汽提温度为 110°C，汽提塔产生的二次蒸汽直接进入汽提冷凝器进行冷凝回收溶剂，热量无回用，浪费严重，经考察调研和咨询相关专家，对汽提塔进行改造。

该公司汽提塔（见图 2-92）改造项目通过增加 200m^2 的换热器，将汽提塔产生的二次蒸汽与一蒸后的混合油进行换热，使二蒸耗汽量减少，节约蒸汽用量。

改造完成后，在新装的换热器中汽提塔二次蒸汽将混合油温度由 55°C 提高到 62°C，换热后的汽提塔二次蒸汽用管道连接回汽提冷凝器，经循环水冷却后冷凝液由泵送到分水箱，不凝气体由水环真空泵排入尾气冷凝器，然后进入尾气吸收系统。汽提塔的改造不仅可节省蒸汽用量，同时还可以减少冷凝二次蒸汽所用循环水的用量，经统计，可节省二蒸蒸汽 1.5kg/t，相对节省冷凝水 45t/h。

图 2-92　汽提塔现场施工图

（四）制冷系统改造技术

1. 技术说明

食用油行业生产线降温常依靠制冷机组，制冷机组的主要性能指标有工作温度、制冷量、功率或耗热量、制冷系数以及热力系数等，现在常用的制冷机为压缩式制冷机，依靠压缩机的作用提高制冷剂的压力以实现制冷循环。冷却塔是利用外部空气同水的接触（直接或间接）来冷却水，是以水为循环冷却剂，从一个系统中吸收热量并排放至大气中，从而降低塔内温度，冷却水可循环使用。

本技术是根据季节变化，在冬季或制冷量需求少的时间段内，使用高效冷却塔代替制冷机，并在制冷机上加装变频控制器，调节制冷机的运行工况，减少运行时间。北方有明显的季节变化，夏季温度高，冬季温度低，最低可达零下十几度，冬季的外界温度足以满足食用油行业生产线降温需求，因此，冬季可减少制冷机组的运行时间，使用冷却水塔代替制冷机组与外界空气循环换热，并在制冷机组加装变频控制器，达到节能降耗的效果。

2. 应用场景

制冷机组是工业企业生产中常用的制冷设备，属于大型高耗能设施，额定功率在几十千瓦甚至上百千瓦不等，运行使用电能，能耗大，生产成本高，因此，在冬季或制冷需求小时，减少制冷机组运行时间，使用高效冷却塔代替制冷机组制冷，并在制冷机组加装变频器，使其符合实际生产需求，可有效减少用电消耗，节约成本。制冷系统改造技术可适用于塑料行业、电子行业、食用油行业、医药行业等。

3. 典型案例

某公司主要从事植物油的加工、销售，设计年产花生油 3.6 万 t、古法小榨花生油 1.0 万 t。

原小包装车间生产线降温使用制冷机，通过泵将凉水塔中凉水输送至制冷机，对水进行制冷，凉水塔采用天津良机的开式凉水塔，处理能力 250t，降温后的水输送至包装车间，对设备进行机械降温处理，制冷机额定功率 160kW，运行耗电量大，可通过对制冷系统进行改造。

该公司购入 1 台 60t 闭式凉水塔及配套管道、阀门、水表、保温管道等设施，对制冷系统进行改造，在冬季或制冷需求较小时，采用凉水塔代替制冷机工作，并在现有制冷机组安装变频控制器。

改造完成后，每年的 11 月份至次年 3 月份，使用凉水塔代替制冷机工作，现有降温系统运行功率合计 196kW，改造后新降温系统运行功率合计为 84kW；全天 24h 运行，年运行 300 天，则年可节约用电 80.64 万 kWh，折标煤 243.94t，减排 CO_2 468.52t。

图 2-93 为制冷机组与闭式凉水塔。

图 2-93　制冷机组与闭式凉水塔

第三章

能效服务走访作业流程

第一节 能效服务走访作业前准备

一、作业前准备工作安排

针对10kV及以上高压客户用能情况分析，挖掘客户节能提效的潜力，根据客户潜力安排能效走访工作，合理开展作业前准备工作，内容见表3-1。

表3-1 作业前准备工作安排

序号	项目	内容	备注
1	走访客户筛选	将10kV及以上用电客户类型分为存量客户和增量客户。 （1）根据存量客户的用电容量、用能设备、月用电量、功率因数、峰值负荷等用电信息分析客户用电情况，同时借助于能效账单和综合能效诊断报告综合分析用电客户的用电节能潜力进行客户筛选。 （2）根据增量客户的用电容量、行业类别、用电设备清单等信息分析用户节能潜力，在业务受理客户的新装申请之后及时进行用电分析，在现场勘查之前完成客户筛选	
2	制定能效走访计划	根据筛选的用电客户进行能效走访预约制定走访计划，其中增量客户走访时间与现场勘查同步进行	
3	编制企业公开信息	通过在线工具查询客户的工商注册信息、相关项目信息等网络公开资料，充分发挥现有内部系统作用查询客户的用电信息，编制客户的企业公开信息，主要包括企业基础信息和用电情况两部分,其中用电情况包含计费档案信息、用电特性、电费情况、配电情况等四部分内容	
4	制定走访方案	根据走访客户所属行业、用电情况、公开资料等信息制定走访方案，主要包括客户主要客户用能情况、用能设备节能点、现场访谈主要问题、现场勘查重点关注设备和行业节能案例等，具体形式可以为表格、文档、思维导图等	

二、现场走访必备物品

根据能效走访客户所属行业、用电设备等信息确定现场走访必备物品，内容见表 3-2。

表 3-2 现场走访必备物品清单

序号	类别	内容	备注
1	访前资料	企业公开信息、走访方案、能效账单、综合能效诊断报告、调研清单等	
2	勘查记录器具	照相机、摄像机、音视频记录仪等	
3	安全用具	安全帽、线手套（绝缘手套）、工作服等	
4	办公用品	签字笔、笔记本等	

三、危险点分析及预防控制措施

能效走访现场勘查作业全过程危险点与预防控制措施，内容见表 3-3。

表 3-3 危险点分析及预防控制措施

序号	防范类型	危险点	预防控制措施
1	触电伤害	人身触电	现场勘查前应向客户了解现场安全情况，宜有客户电气负责人全程陪同。 （1）工作前确认接地保护范围，作业人员禁止擅自移动或拆除接地线，防止突然来电或感应电，接触设备前先验电。 （2）明确安全检查通道，与带电设备保持安全距离。 （3）带电查勘时，严禁二次电压回路短路、二次电流回路开路
		误入带电间隔	（1）严格执行验电流程。 （2）避免误碰误接触带电设备或走错带电间隔
2	意外伤害	狗、蛇、虫叮咬	（1）备棍棒，防狗、蛇伤人。 （2）远离马蜂窝
		摔伤	（1）路滑慢行，遇沟、崖、墙绕行。 （2）禁止穿高跟鞋，注意盖板及坑洼处，防止摔倒

续表

序号	防范类型	危险点	预防控制措施
2	意外伤害	高处坠落及落物伤人	（1）进入作业现场正确配戴安全帽。 （2）注意观察作业环境，避免在危险环境作业。 （3）上下传递物件、工具、材料等，用传递绳传递，不准抛掷。 （4）高处有人工作时，有专人监护，下面不得站人。 （5）使用梯子，梯子应坚固完整，有防滑措施，使用前，应先进行试登，确认可靠后方可使用。有人员在梯子上工作时，梯子应有人扶持和监护

第二节　能效服务走访工作流程

一、工作流程图

根据作业全过程，将客户筛选到客户回访的全过程用流程图表达，如图 3-1 所示。

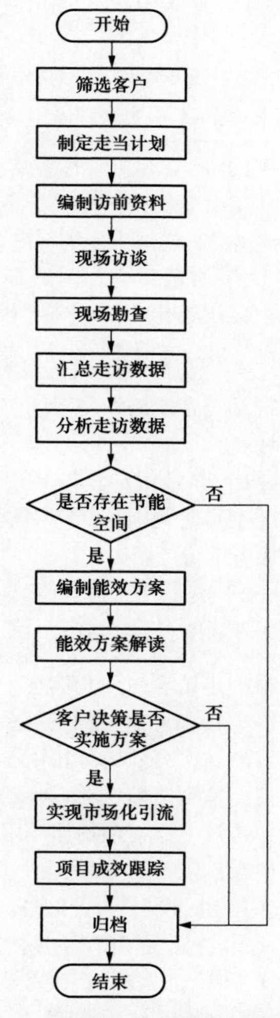

图 3-1　能效公共服务作业流程图

二、作业程序与作业规范

按照工作流程图，明确每一项的具体工作内容和要求，具体内容见表3-4。

表3-4 作业程序与作业规范

序号	工作步骤	责任人	作业内容	记录资料	备注
一、访前准备					
1	开始	能效服务人员	主要客户来源包括： （1）现有10kV及以上用电客户。 （2）新增提交业扩申请的10kV及以上用电客户		
2	筛选客户	能效服务人员	（1）存量客户。根据存量用户的用电数据，挖掘分析客户的节能潜力，筛选出走访客户。 （2）增量客户。筛选提交业扩报装申请用户，进行“供电+能效”双方案服务		
3	制定走访计划	能效服务人员	根据与企业的预约时间制定走访计划。 （1）存量用户。与客户提前沟通走访时间，并制定相应的能效服务走访计划。 （2）增量用户。与获得电力过程现场勘查同步进行		
4	编制访前资料	能效服务人员	根据走访客户现有信息，通过网络工具和营销业务应用系统查询客户网络公开信息和用电基本情况，编制访前资料、制定企业能效走访方案，包括但不限于以下内容： （1）企业网络公开信息。 （2）计划现场访谈问题清单。 （3）计划现场勘查设备清单。 （4）企业走访调研表		

续表

序号	工作步骤	责任人	作业内容	记录资料	备注
二、现场走访					
1	现场访谈	能效服务人员	通过现场访谈向客户说明能效服务走访的目的，介绍“供电+能效服务”相关政策，与企业相关负责人进行沟通了解设备运行情况、用能情况以及设备节能改造情况等信息，帮助企业进行初步能效诊断，具体访谈内容包括但不限于以下内容： （1）了解企业整体生产情况，企业设计产值、去年实际年产值和企业经营情况。 （2）了解企业大功率、高能耗（75kW以上）设备台账。 （3）了解企业大功率、高能耗设备运行工况，是否存在“大马拉小车”现象。 （4）了解企业设备的节能改造情况，改造方式及运行效果。 （5）了解企业是否具备建设光伏项目条件，屋顶面积、结构、坡度等。 了解企业内灯具数量、种类、开启情况。 （6）了解企业内是否有余热、余压、余气可以回收，数量、温度。 （7）了解企业内是否有能源管理控制系统，统一监控企业内能源消耗情况。 （8）了解企业内是否有能源管理体系，是否定期对员工进行节能意识培训。 （9）和企业领导探讨对设备节能改造的看法及意愿		现场访谈开场白参考： 您好，我们是××供电公司的工作人员，本次到访主要是为企业提供能效诊断服务，随着我国推进实现“碳达峰、碳中和”目标的路径逐渐明确，国网公司创新推动“供电服务”向“供电+能效服务”延伸拓展，为客户提供更具个性化、智慧化的能效服务，国网公司作为央企，发挥央企责任担当的作用，助力全社会节能降碳，帮助企业降低用能成本支出、提升效率

续表

序号	工作步骤	责任人	作业内容	记录资料	备注
2	现场勘查	能效服务人员	根据企业生产特点进行现场设备勘查，对主要耗能设备的运行参数进行记录和铭牌拍照，针对额定电压 10kV 的高压设备通过配电柜综合保护装置的显示屏了解主要能耗设备的运行状态并进行拍照记录。重点关注企业节能改造空间较大的风机类、水泵类、空压机类等辅助生产设备，需要了解的信息包括但不限于以下内容： （1）风机类负载。 需要了解风机名称、风机类型、电机额定功率、电机额定电压、电机额定电流、电机额定转速、电机实际电流、电机瞬时有功功率、风门开度、液偶实际转速、风量调节方式、是否进行过节能改造、节能改造方式等信息。 （2）水泵类负载。 需要了解水泵名称、流量压力调节方式、电机额定功率、电机额定电压、电机额定电流、电机额定转速、电机实际电流、电机瞬时有功功率、水泵额定压力、水泵额定流量、水泵实际压力、水泵实际流量、出口阀门开度、是否进行过节能改造、节能改造方式等信息。 （3）空压机类负载。 需要了解空压机名称、空压机类型、空压机额定功率、空压机额定电压、空压机额定流量、空压机额定压力、末端用气点、末端用气压力要求、空压机出厂时间、空压站是否有集控系统、空压机是否变频控制等信息	《企业走访调研表》	

续表

序号	工作步骤	责任人	作业内容	记录资料	备注
三、能效方案出具					
1	汇总走访数据	能效服务人员	根据能效服务现场走访情况进行信息汇总，编制企业调研清单，主要包括走访客户信息和客户兴趣方向两部分，将走访信息尽可能详细的进行整理，同时将现场照片按负载类型进行分文件夹汇总		
2	分析走访数据	能效服务人员	根据走访调研清单内容进行综合分析，具体分析包括但不限于以下内容： （1）企业基本情况分析。通过走访数据对企业的运营情况、整体用能情况、用电情况以及其他能耗相关信息进行分析整理。 （2）工艺及技术水平分析。通过走访数据对企业的新能源利用情况、错峰用电能力以及信息化系统应用情况等工艺及技术水平进行分析整理。 （3）能效指标情况分析。通过走访数据与用电数据对企业当前的用能情况进行能效指标情况分析整理。 （4）用户意向统计分析。通过数据分析统计企业对光伏、储能、蓄冷热、充电桩、电采暖、外墙保温、市场化售电、电力需求响应、照明节能改造、空调群控、电能替代等意向信息		

续表

序号	工作步骤	责任人	作业内容	记录资料	备注
3	编制能效方案	能效服务人员	根据企业能效服务走访调研信息以及走访信息分析情况，编制节能提效服务方案，主要包括但不限于以下内容： （1）企业概述。针对企业的基础信息、用能情况、企业设备概况、供电方案等进行详细描述。 （2）能效诊断。针对企业生产班次、产值等特性和设备能源使用效率进行分析诊断，通过企业的生产特性分析、设备能效诊断等内容详细说明企业现有能效问题。 （3）能效建议。根据诊断结果向企业提出能效优化建议，详细说明改造内容和改造收益测算，明确告知投资回报周期等改造效果评估信息		
四、能效回访					
1	能效方案解读	能效服务人员	与企业相关负责人进行现场能效方案解读，详细说明企业能效诊断分析和能效建议内容，帮助企业进行现场答疑，了解企业改造意向，能效方案解读具体包括但不限于以下内容： （1）能效诊断。根据能效方案与企业相关负责人进行能效诊断解读，详细说明诊断过程以及诊断结果。 （2）能效建议。根据能效方案向企业相关负责人进行能效建议分析，详细说明能效建议改造手段和项目投资回报效益。		

续表

序号	工作步骤	责任人	作业内容	记录资料	备注
1	能效方案解读	能效服务人员	（3）意见沟通。与企业相关负责人进行现场意见沟通，进行现场答疑，了解企业能效提升意向		
2	市场化引流	能效服务人员	通过客户回访了解客户改造意向，向能效市场化服务引流，帮助企业实现节能提效		
3	项目成效跟踪	能效服务人员	当实现企业市场化引流，进行节能提效改造之后，针对企业开展节能提效改造效果进行持续跟踪		
4	归档	能效服务人员	完成能效服务过程历史资料归档，归档内容包括： （1）企业网络公开信息。 （2）企业走访调研表。 （3）能效服务现场走访照片。 （4）企业调研清单。 （5）节能提效服务方案 / 能效服务总结		

三、报告和记录

执行能效公共服务工作流程形成的报告和记录见表 3-5，具体格式参见附件。

表 3-5　报告和记录

序号	名称	编制人员	保存地点	备注
1	企业网络公开信息	能效服务人员	××××	
2	企业调研表	能效服务人员	××××	根据企业基本情况参考风机类、水泵类等调研内容制定调研表
3	企业调研清单	能效服务人员	××××	
4	节能提效服务方案	能效服务人员	××××	

第四章

节能提效未来展望

“双碳”目标对于我国在将来一段时期内，如何应对气候变化、发展绿色低碳经济、以及大力推进生态文明建设等方面，都提出了更高、更严的要求。其中，加快能源及高污染行业的绿色低碳转型和发展，以及推动能源科技进步和创新，是实现“双碳”目标的重要举措。在“双碳”目标的约束下，未来我国能源结构预计将发生较大程度的变化，电力作为社会主要消耗能源事关民生，因此电力是一个“半市场化”的半公用事业行业。国家电网有限公司提出以供电服务为基础，推动能效服务，以电为中心，聚焦客户用能优化，以提升客户能效为切入点，构建绿色发展体系，推动产业结构调整，促进清洁能源开发利用，实现全社会能效水平提高。所以在“双碳”目标实现过程中，积极开展能效服务是国家电网有限公司保障国家能源安全，履行央企责任的应有之举。

首先全面开展能效公共服务是加快绿色低碳发展的大势所趋。从国家“双碳”战略目标来看，时间线轮廓清晰，构建清洁低碳高效安全的能源生产和消费体系是必然趋势。在新的发展形势下我国产业结构转型升级面临自主创新不足、关键技术“卡脖子”、能源资源利用效率低、各类生产要素成本上升等挑战，亟待转变建立在化石能源基础上的工业体系以及依赖资源、劳动力等要素驱动的传统增长模式。推动全面开展能效公共服务，助力各行业构建绿色低碳发展体系，推动产业结构调整势在必行。

其次是能效公共服务数字化升级，将明显改善全社会能效水平。应对“双碳”目标低碳绿色发展需求，必须加快新旧动能转换步伐，推进产业结构转型升级，数字技术大有可为，也必不可少。通过加快实现全社会用能信息广泛连接，聚集社会能效服务资源，构建产业平台生态，深化能效服务技术，推动能效公共服务数字化升级，赋能更广泛的生产生活领域，致力于降低能源消耗、提升能源利用效率，与“双碳”理念高度重合。

最后是“双碳”目标约束下，国家电网有限公司拥有较大的发展机会。基于“双碳”目标，以电为基础，建设“供电+能效服务”业务体系，实现数字技术在能效服务业务中深化应用，将能效服务打造成延伸产业，逐步形成能效服务产业的引领者和推动者，为国家能源绿色转型发展作出贡献，展现央企“顶梁柱、顶得住”的责任担当。

在未来的发展过程中，实现碳达峰、碳中和是一场广泛而深刻的经济社会系统性变革，我国整体处于工业化中后期阶段，传统“三高一低”（高投入、高能耗、高污染、低效益）产业仍占较高比例，相当规模的制造业在国际产业链中还处于中低端，存在生产管理粗放、高碳燃料用量大、产品能耗物耗高、产品附加值低等问题。所以，构建绿色低碳体系，推动产业结构调整，全面提升社会能效水平是实现“双碳”目标的重要手段。

附　件

附件一

能效公共服务走访计划表

能效公共服务走访计划表									
序号	市	县公司	走访客户户名	户号	客户简介	客户类型	客户联系人	计划走访日期	计划走访人员
1					*主要包括企业经营范围、占地面积、员工人数等*	*增量用户/存量用户*			
2									
3									
4									
5									

附件二

风机类负载调研表

风机类负载节能改造能效数据调查表			
单位名称		负载名称	
联系人		联系电话	
年运行时间		企业电价	
地址		调研日期	
设备基本参数			
电动机参数		风机参数	
电动机型号		风机型号	
额定功率（kW）		风机类型	
额定电压（kV）		额定流量（m^3/h）	
额定电流（A）		额定全压（Pa）	
额定转速（r/min）		额定转速（r/min）	
功率因数		额定效率	
额定效率		额定轴功率（kW）	
电动机类别：□同步机 □鼠笼式 □绕线式			
起动方式：□直接起动 □液偶起动 □转子串水电阻起动 □定子串水电阻起动 □其他			
设备运行参数			
电动机参数		风机参数	

续表

设备运行参数			
运行电压（kV）		进口风门开度（%）	
运行电流（A）		出口风门开度（%）	
实际功率因数		出口风量（m^3/h）	
瞬时有功功率（kWh）		出口风压（Pa）	
实际转速（r/min）备注：适用于有液力耦合器的电机			
工艺流程参数			
实际工况、工艺流程描述			
电动机的其他有关描述			
对节能改造的要求及要实现的功能与效果			

附件三

水泵类负载调查表

<table>
<tr><th colspan="6">水泵类负载节能改造能效数据调查表</th></tr>
<tr><td colspan="2">单位名称</td><td colspan="2"></td><td>负载名称</td><td></td></tr>
<tr><td colspan="2">联系人</td><td colspan="2"></td><td>联系电话</td><td></td></tr>
<tr><td colspan="2">年运行时间</td><td colspan="2"></td><td>企业电价</td><td></td></tr>
<tr><td colspan="2">地址</td><td colspan="2"></td><td>调研日期</td><td></td></tr>
<tr><th colspan="6">电动机基本参数</th></tr>
<tr><td colspan="2">型号</td><td colspan="2"></td><td>额定功率（kW）</td><td></td></tr>
<tr><td colspan="2">额定电压（kV）</td><td colspan="2"></td><td>额定电流（A）</td><td></td></tr>
<tr><td colspan="2">额定转速（r/min）</td><td colspan="2"></td><td>功率因数</td><td></td></tr>
<tr><th colspan="6">水泵基本参数</th></tr>
<tr><td>型号</td><td></td><td>厂家</td><td></td><td>类型</td><td></td></tr>
<tr><td>额定功率（kW）</td><td></td><td>额定流量（m³/h）</td><td></td><td>额定扬程（m）</td><td></td></tr>
<tr><td>汽蚀余量（m）</td><td></td><td>额定转速（r/min）</td><td></td><td>出厂时间</td><td></td></tr>
<tr><td>效率</td><td></td><td>运行情况（几开几备）</td><td></td><td>变频改造</td><td>□是 □否</td></tr>
<tr><td colspan="2">水泵连接情况简图</td><td colspan="4"></td></tr>
<tr><th colspan="6">水泵运行参数（标高以泵中心为基准）</th></tr>
<tr><td>水泵编号</td><td>1#</td><td>2#</td><td>3#</td><td>4#</td><td>5#</td></tr>
<tr><td>实际电压（kV）</td><td></td><td></td><td></td><td></td><td></td></tr>
</table>

续表

水泵运行参数（标高以泵中心为基准）						
运行电流（A）						
实际流量（m^3/h）						
阀门	出口阀开度					
阀门	进口阀开度					
压力	泵出口压力					
压力	表高及位置（阀前/阀后）					
压力	总管压力		总管压力表高度			
管道	入口管径		出口管径		总管管径	
水质	出水温度		回水温度		水池液位（m）	
末端工艺流程参数						
末端用户设备名称及数量						

附件四

空压机类负载调查表

空压机类负载节能改造能效数据调查表			
单位名称		站房名称	
联系人		联系电话	
年运行时间		企业电价	
地址		调研日期	
设备基本参数			
空压机参数		干燥机参数	
空压机品牌		干燥机品牌	
空压机类型	□离心 □螺杆 □活塞	干燥机类型	□吸干机 □冷干机
空压机型号		处理气量（m^3/min）	
额定功率（kW）		额定功率（kW）	
额定电压（kV）		对应的空压机	
额定流量（m^3/min）		露点设定值（℃）	
额定压力（bar）		出口压力值（bar）	
空压机运行参数			
空压机数量		空压机开启情况（几开几备）	
压力波动最大值(bar）		压力波动最小值（bar）	
空压机加载电流（A）		空压机卸载电流（A）	
空压机运行小时数(H）		空压机加载小时数（H）	
是否变频控制	□是　□否	空压机站房出口压力(bar)	

续表

压缩空气末端用气需求	
末端各用气点名称	
末端各用气点流量（m^3/min）	
末端各用气点压力需求（bar）	
空压机节能改造要求	
客户对空压机改造要求	
客户倾向的节能改造方式	
备注： 一个企业可能有多个空压机站房，需按顺序把所有站房空压机数据调研完毕。	

附件五

企业网络公开信息编制模版

×× 有限公司网络公开信息

一、基础信息

详细说明企业基本情况，经营范围、占地面积、员工数量、能源使用情况等网络公开信息。

二、用电情况

（一）计费档案信息

说明客户是否为市场化购电客户，计费方式。

（二）用电特性

分析企业历史年度、月度、日内用电量数据，说明主要用电设备，日用电量是否均衡，峰平谷段用电占比。

（三）电费信息

近一年全年电费情况。

应收年月	总电量	总电费	平均电价	力率电费
2021－01				
2021－02				
2021－03				

续表

应收年月	总电量	总电费	平均电价	力率电费
2021－04				
2021－05				
2021－06				
2021－07				
2021－08				
2021－09				
2021－10				
2021－11				
2021－11				
2021－12				
合计				

（四）配电情况

详细说明客户用电合同容量、变压器设备、主要用电设备等情况。

附件六

企业调研清单编制模版

×× 有限公司调研信息清单

一、走访客户信息

将现场走访信息按条目进行详细说明，举例如下：

1. 经营情况：×× 水泥厂主要生产水泥熟料（属于水泥半成品）。

2. 用电情况：企业日常生产峰值负荷在 7000kW 左右，较高时候为 9000kW。

二、企业兴趣方向

根据能效服务现场访谈了解的客户节能提效的兴趣方向详细说明举例如下：

（1）企业有建设综合能耗监测系统的需求，需要了解能耗监测系统的相关政策和技术；

（2）企业领导有计划建设光伏发电的意愿，希望采用合同能源管理的方式开展；

（3）了解电价政策。

附件七

节能提效服务方案编制模版

节能提效服务方案

客户名称：×× 有限公司

20×× 年 ×× 月 ×× 日

为建立公司“供电＋能效服务”业务体系，开展能效公共服务，制定能效服务组合方案，20×× 年 ×× 月 ×× 日，×× 供电公司赴 ×× 有限公司开展能效现状调研。

一、企业概述

（一）企业基础信息

详细说明企业基本情况，包括经营情况、生产特性等。

（二）企业用能情况

详细说明企业生产经营的用能情况等，例：

企业以电能消耗为主，日常生产峰值负荷在 13000kW 左右，较高时候为 15000kW，企业配套建有 6MW 余热发电机组，在生产期间，基本处于满负荷生产，小时发电量约 6000kWh，可满足厂内约 50% 电量需求，配套锅炉风机采用变频控制方式。

（三）企业供电方案

分析企业的供电方案包括用电容量、变压器设备、计费档案等信息，例：

企业用电类别为大工业用电，供电电压为交流 35kV，是一家水泥熟料生产企业。

1. 变压器容量

客户目前合同容量 19200kVA，无自备电源，接入线路为 35kV 电源，其中 S13 型 16000kVA 变压器 1 台、S13 型 3150kVA 变压器 1 台、S11 型 50kVA 变压器 1 台。

2. 计费档案

企业为市场化零售客户，执行工商业（两部制）35 ～ 110kV 以下电价，基本电费结算方式按实际最大需量计算，功率因数考核标准 0.9。

二、企业能效诊断

（一）生产特性分析

根据走访信息分析企业生产班次、淡旺季变化等生产特性，例：

企业属于 B 类企业，2021 年由于冬奥会和环保原因，于 9 月份停工至 12 月 31 日，往年在采暖季（11 月 15 日～3 月 15 日）停工，在生产期间采取三班制，二十四小时连续生产。企业生产能力会根据行业协会的生产指导通知进行调整，一般在通知下达后将停产 3 ～ 15 天。

（二）设备能效诊断

根据走访信息对企业现有生产工艺或生产设备进行能效诊断，例：

企业生产过程中需要压缩空气和冷却水辅助生产，压缩空气给全厂除尘器进行反吹，冷却水对需要降温的设备进行冷却。

企业配备 5 台 110kW 空压机，空压机制备的压缩空气用于除尘器反吹，目前空压机启动采用星－三角启动，启动时电流过大，对用气末端产生较大波动，造成设备运行不稳定，易导致设备故障。

企业内余热发电厂和熟料生产线中的循环水泵对设备进行降温，目前水泵运行偏离最佳工况点，效率低下，有较大改造节能空间。

三、企业能效建议

针对能效诊断发现的企业能效问题，提出改造建议，并详细测算改造投入收益等，例：

（一）高压变频器散热方案

企业内的高压变频器目前采用风道外循环方式进行散热，变频器运行中产生的热量通过柜顶风机引出再通过风道把热量排到变频室外，此种方式投资成本低，但因现场环境较差，粉尘颗粒物可通过风道或进风口进入变频器内部，会导致功率单元及变压器损坏，严重影响设备正常运行，针对此种情况可采用工业空调内循环方式进行降温，把风道拆除，通过空调产生制冷量和热量进行抵消，保持室内温度，经过计算每500kW变频器可配1台5匹工业空调，空调室外机需定期进行清洗，保证正常运行。1800kW高温风机变频室内可安装一台10匹空调，2台5匹空调，根据季节以及室内温度情况合理调配空调开启情况。2450kW循环风机变频室内可安装2台10匹空调，1台5匹空调，根据季节以及室内温度合理调配空调开启情况。6台空调预计费用为70000元。高压变频器内全部为电子产品，受现场环境影响非常明显，环境差导致故障率上升明显，结合企业技术人员反馈功率单元维修一次花费几万元，对变频器的散热方式改造刻不容缓。

（二）减少碳排放降低碳压力

根据能效建议进行节能量汇总，分析企业节能改造之后的降碳效果，例：

根据国家统计局标准折标煤系数计算方法每节约用电1kWh，相应节约0.3025kg标准煤，同时折合减排0.581kg二氧化碳，通过设备节能改造可节约电量30.7175万kWh，合计每年减少约178.47t二氧化碳排放，降低企业碳排放压力。

附件八

高耗能行业重点领域能效标杆水平和基准水平（2021年版）

序号	国民经济行业分类及代码			重点领域		指标名称	指标单位	标杆水平	基准水平	参考标准
	大类	中类	小类							
1	石油、煤炭及其他燃料加工业（25）	精炼石油产品制造（251）	原油加工及石油制品制造（2511）	炼油		单位能量因数综合能耗	千克标准油/吨·能量因数	7.5	8.5	GB 30251
		煤炭加工（252）	炼焦（2521）	煤制焦炭	顶装焦炉	单位产品能耗	千克标准煤/吨	110	135	GB 21342
					捣固焦炉			110	140	
			煤制液体燃料生产（2523）	煤制甲醇	褐煤	单位产品综合能耗	千克标准煤/吨	1550	2000	GB 29436
					烟煤			1400	1800	
					无烟煤			1250	1600	
				煤制烯烃	乙烯和丙烯	单位产品能耗	千克标准煤/吨	2800	3300	GB 30180
				煤制乙二醇	合成气法	单位产品综合能耗	千克标准煤/吨	1000	1350	GB 32048
2	化学原料和化学制品制造业（26）	基础化学原料制造（261）	无机碱制造（2612）	烧碱	离子膜法液碱（质量分数，下同）≥30%	单位产品综合能耗	千克标准煤/吨	315	350	GB 21257
			无机碱制造（2612）	烧碱	离子膜法液碱≥45%	单位产品综合能耗	千克标准煤/吨	420	470	GB 21257
					离子膜法固碱≥98%			620	685	

续表

序号	国民经济行业分类及代码			重点领域		指标名称	指标单位	标杆水平	基准水平	参考标准
	大类	中类	小类							
2	化学原料和化学制品制造业（26）	基础化学原料制造（261）	无机碱制造（2612）	纯碱	氨碱法（轻质）	单位产品能耗	千克标准煤/吨	320	370	GB 29140
					联碱法（轻质）			160	245	
					氨碱法（重质）			390	420	
					联碱法（重质）			210	295	
			无机盐制造（2613）	电石		单位产品综合能耗	千克标准煤/吨	805	940	GB 21343
			有机化学原料制造（2614）	乙烯	石脑烃类	单位产品综合能耗	千克标准油/吨	590	640	GB 30250
				对二甲苯				380	550	GB 31534
			其他基础化学原制造（2619）	黄磷		单位产品综合能耗	千克标准煤/吨	2300	2800	GB 21345 注：对粉矿采用烧结或焙烧工艺的，能耗数值增加700千克标准煤/吨
		肥料制造（262）	氮肥制造（2621）	合成氨	优质无烟块煤	单位产品综合能耗	千克标准煤/吨	1100	1350	GB 21344
					非优质无烟块煤、型煤			1200	1520	
					粉煤（包括无烟粉煤、烟煤）			1350	1550	
					天然气			1000	1200	

续表

序号	国民经济行业分类及代码			重点领域		指标名称	指标单位	标杆水平	基准水平	参考标准
	大类	中类	小类							
2	化学原料和化学制品制造业（26）	肥料制造（262）	磷肥制造（2622）	磷酸一铵	传统法（粒状）	单位产品综合能耗	千克标准煤/吨	255	275	GB 29138
					传统法（粉状）			240	260	
					料浆法（粒状）			170	190	
					料浆法（粉状）			165	185	
				磷酸二铵	传统法（粒状）	单位产品综合能耗	千克标准煤/吨	250	275	GB 29139
					料浆法（粒状）			185	200	
3	非金属矿物制品业（30）	水泥、石灰和膏制造（301）	水泥制造（3011）	水泥熟料		单位产品综合能耗	千克标准煤/吨	100	117	GB 16780
		玻璃制造（304）	平板玻璃制造（3041）	平板玻璃（生产能力>800t/天）		单位产品能耗	千克标准煤/重量箱	8	12	GB 21340 注：汽车用平板玻璃能耗修正系数参照此标准
				平板玻璃（500t/天≤生产能力≤800t/天）				9.5	13.5	
		陶瓷制品制造（307）	建筑陶瓷制品制造（3071）	吸水率≤0.5%的陶瓷砖		单位产品综合能耗	千克标准煤/平方米	4	7	GB 21252
				0.5%＜吸水率≤10%的陶瓷砖				3.7	4.6	
				吸水率＞10%的陶瓷砖				3.5	4.5	
			卫生陶瓷制品制造（3072）	卫生陶瓷		单位产品综合能耗	千克标准煤/吨	300	630	
4	黑色金属冶炼和压延加工业（31）	炼铁（311）	炼铁（3110）	高炉工序		单位产品能耗	千克标准煤/吨	361	435	GB 21256

续表

序号	国民经济行业分类及代码 大类	中类	小类	重点领域		指标名称	指标单位	标杆水平	基准水平	参考标准
4	黑色金属冶炼和压延加工业（31）	炼钢（312）	炼钢（3120）	转炉工序		单位产品能耗	千克标准煤/吨	－30	－10	GB 21256
				电弧炉冶炼	30t ＜公称容量 ＜ 50t	单位产品能耗	千克标准煤/吨	67	86	GB 32050 注：电弧炉冶炼全不锈钢单位产品能耗提高10%
					公称容量 ≥ 50t			61	72	
		铁合金冶炼（314）	铁合金冶炼（3140）	硅铁		单位产品综合能耗	千克标准煤/吨	1770	1900	GB 21341
				锰硅合金				860	950	
				高碳铬铁				710	800	
5	有色金属冶炼和压延加工业（32）	常用有色金属冶炼（321）	铜冶炼（3211）	铜冶炼工艺（铜精矿—阴极铜）		单位产品综合能耗	千克标准煤/吨	260	380	GB 21248
				粗铜工艺（铜精矿—粗铜）				140	260	
				阳极铜工艺（铜精矿—阳极铜）				180	290	
				电解工序（阳极铜—阴极铜）				85	110	
			铅锌冶炼（3212）	铅冶炼	粗铅工艺	单位产品综合能耗	千克标准煤/吨	230	300	GB 21250
					铅电解精炼工序			100	120	
					铅冶炼工艺			330	420	
				锌冶炼	火法炼锌工艺：粗锌（精矿—粗锌）	单位产品综合能耗	千克标准煤/吨	1450	1620	GB 21249
					火法炼锌工艺：锌（精矿—精馏锌）			1800	2020	

续表

序号	国民经济行业分类及代码			重点领域		指标名称	指标单位	标杆水平	基准水平	参考标准
	大类	中类	小类							
5	有色金属冶炼和压延加工业（32）	常用有色金属冶炼（321）	铅锌冶炼（3212）	锌冶炼	湿法炼锌工艺：电锌锌锭（有浸出渣火法处理工艺）（精矿—电锌锌锭）	单位产品综合能耗	千克标准煤/吨	1100	1280	GB 21249
					湿法炼锌工艺：电锌锌锭（无浸出渣火法处理工艺）（精矿—电锌锌锭）			800	950	
					湿法炼锌工艺：电锌锌锭（氧化锌精矿—电锌锌锭）			800	950	
			铝冶炼（3216）	电解铝		铝液交流电耗	千瓦时/吨	13000	13350	GB 21346

注 1. 各领域标杆水平和基准水平主要参考国家现行单位产品能耗限额标准的先进值和准入值、限定值，根据行业实际、发展预期、生产装置整体能效水平等确定。统计范围、计算方法等参考相应标准。

2. 表中的高耗能行业重点领域范围和标杆水平、基准水平，视行业发展和国家现行单位产品能耗限额标准制修订情况进行补充完善和动态调整。

附件九

高耗能行业重点领域节能降碳改造升级实施指南（2022 年版）

发改产业〔2022〕200 号

各省、自治区、直辖市及计划单列市、新疆生产建设兵团发展改革委、工业和信息化主管部门、生态环境厅（局）、能源局：

按照《关于严格能效约束推动重点领域节能降碳的若干意见》《关于发布〈高耗能行业重点领域能效标杆水平和基准水平（2021 年版）〉的通知》有关部署，为推动各有关方面科学做好重点领域节能降碳改造升级，现发布《高耗能行业重点领域节能降碳改造升级实施指南（2022 年版）》，并就有关事项通知如下。

一、引导改造升级

对于能效在标杆水平特别是基准水平以下的企业，积极推广本实施指南、绿色技术推广目录、工业节能技术推荐目录、“能效之星”装备产品目录等提出的先进技术装备，加强能量系统优化、余热余压利用、污染物减排、固体废物综合利用和公辅设施改造，提高生产工艺和技术装备绿色化水平，提升资源能源利用效率，促进形成强大国内市场。

二、加强技术攻关

充分利用高等院校、科研院所、行业协会等单位创新资源，推动节能减污降碳协同增效的绿色共性关键技术、前沿引领技术和相关设施装备攻关。推动能效已经达到或接近标杆水平的骨干企业，采用先进前沿技术装备谋划建设示范项目，引领行业高质量发展。

三、促进集聚发展

引导骨干企业发挥资金、人才、技术等优势，通过上优汰劣、产能置换等方式自愿自主开展本领域兼并重组，集中规划建设规模化、一体化的生产基地，提升工艺装备水平和能源利用效率，构建结构合理、竞争有效、规范有序的发展格局，不得以兼并重组为名盲目扩张产能和低水平重复建设。

四、加快淘汰落后

严格执行节能、环保、质量、安全技术等相关法律法规和《产业结构调整指导目录》等政策，依法依规淘汰不符合绿色低碳转型发展要求的落后工艺技术和生产装置。对能效在基准水平以下，且难以在规定时限通过改造升级达到基准水平以上的产能，通过市场化方式、法治化手段推动其加快退出。

附件：1. 炼油行业节能降碳改造升级实施指南

2. 乙烯行业节能降碳改造升级实施指南

3. 对二甲苯行业节能降碳改造升级实施指南

4. 现代煤化工行业节能降碳改造升级实施指南

5. 合成氨行业节能降碳改造升级实施指南

6. 电石行业节能降碳改造升级实施指南

7. 烧碱行业节能降碳改造升级实施指南

8. 纯碱行业节能降碳改造升级实施指南

9. 磷铵行业节能降碳改造升级实施指南

10. 黄磷行业节能降碳改造升级实施指南

11. 水泥行业节能降碳改造升级实施指南

12. 平板玻璃行业节能降碳改造升级实施指南

13. 建筑、卫生陶瓷行业节能降碳改造升级实施指南

14. 钢铁行业节能降碳改造升级实施指南

15. 焦化行业节能降碳改造升级实施指南

16. 铁合金行业节能降碳改造升级实施指南

17. 有色金属冶炼行业节能降碳改造升级实施指南

国家发展改革委
工业和信息化部
生 态 环 境 部
国 家 能 源 局
2022 年 2 月 3 日

附件 1

炼油行业节能降碳改造升级实施指南

一、基本情况

炼油行业是石油化学工业的龙头，关系到经济命脉和能源安全。炼油能耗主要由燃料气消耗、催化焦化、蒸汽消耗和电力消耗组成。行业规模化水平差异较大，先进产能与落后产能并存。用能主要存在中小装置规模占比较大、加热炉热效率偏低、能量系统优化不足、耗电设备能耗偏大等问题，节能降碳改造升级潜力较大。

根据《高耗能行业重点领域能效标杆水平和基准水平（2021 年版）》，炼油能效标杆水平为 7.5 千克标准油 /（吨 · 能量因数）、基准水平为 8.5 千克标准油 /（吨 · 能量因数）。截至 2020 年底，我国炼油行业能效优于标杆水平的产能约占 25%，能效低于基准水平的产能约占 20%。

二、工作方向

（一）加强前沿技术开发应用，培育标杆示范企业

推动渣油浆态床加氢等劣质重油原料加工、先进分离、组分炼油及分子炼油、低成本增产烯烃和芳烃、原油直接裂解等深度炼化技术开发应用。

（二）加快成熟工艺普及推广，有序推动改造升级

1. 绿色工艺技术。采用智能优化技术，实现能效优化；采用先进控制技术，实现卡边控制。采用 CO 燃烧控制技术提高加热炉热效率，合理采用变频调速、液力耦合调速、永磁调速等机泵调速技术提高系统效率，采用冷再生剂循环催

化裂化技术提高催化裂化反应选择性，降低能耗、催化剂消耗，采用压缩机控制优化与调节技术降低不必要压缩功消耗和不必要停车，采用保温强化节能技术降低散热损失。

2. 重大节能装备。加快节能设备推广应用。采用高效空气预热器，回收烟气余热，降低排烟温度，提高加热炉热效率。开展高效换热器推广应用，通过对不同类型换热器的节能降碳效果及经济效益的分析诊断，合理评估换热设备的替代 / 应用效果及必要性，针对实际生产需求，合理选型高效换热器，加大沸腾传热，提高传热效率。开展高效换热器推广应用，加大沸腾传热。推动采用高效烟机，高效回收催化裂化装置再生烟气的热能和压力能等。推广加氢装置原料泵液力透平应用，回收介质压力能。

3. 能量系统优化。采用装置能量综合优化和热集成方式，减少低温热产生。推动低温热综合利用技术应用，采用低温热制冷、低温热发电和热泵技术实现升级利用。推进蒸汽动力系统诊断与优化，开展考虑炼厂实际情况的蒸汽平衡配置优化，推动蒸汽动力系统、换热网络、低温热利用协同优化，减少减温减压，降低输送损耗。推进精馏系统优化及改造，采用智能优化控制系统、先进隔板精馏塔、热泵精馏、自回热精馏等技术，优化塔进料温度、塔间热集成等，提高精馏系统能源利用效率。优化循环水系统流程，采取管道泵等方式降低循环水系统压力。新建炼厂应采用最新节能技术、工艺和装备，确保热集成、换热网络和换热效率最优。

4. 氢气系统优化。加强装置间物料直供。推进炼厂氢气网络系统集成优化。采用氢夹点分析技术和数学规划法对炼厂氢气网络系统进行严格模拟、诊断与优化，推进氢气网络与用氢装置协同优化，耦合供氢单元优化、加氢装置用氢管理和氢气轻烃综合回收技术，开展氢气资源的精细管理与综合利用，提高氢气利用效率，降低氢耗、系统能耗和二氧化碳排放。

（三）严格政策约束，淘汰落后低效产能

严格执行节能、环保、质量、安全技术等相关法律法规和《产业结构调整

指导目录》等政策，依法依规淘汰 200 万吨 / 年及以下常减压装置、采用明火高温加热方式生产油品的釜式蒸馏装置等。对能效水平在基准值以下，且无法通过改造升级达到基准值以上的炼油产能，按照等量或减量置换的要求，通过上优汰劣、上大压小等方式加快退出。

三、工作目标

到 2025 年，炼油领域能效标杆水平以上产能比例达到 30%，能效基准水平以下产能加快退出，行业节能降碳效果显著，绿色低碳发展能力大幅提高。

附件 2

乙烯行业节能降碳改造升级实施指南

一、基本情况

乙烯是石油化学工业最重要的基础原料，其发展水平是衡量国家石油化学工业发展质量的重要标志。乙烯生产工艺路线主要包括蒸汽裂解、煤 / 甲醇制烯烃、催化裂解等，本实施指南所指乙烯行业主要为采用蒸汽裂解工艺生产乙烯的相关装置。蒸汽裂解制乙烯主要包括裂解、急冷、压缩、分离等工序，能耗主要由燃料气消耗、蒸汽消耗和电力消耗组成。用能主要存在装置规模化水平差距较大、能效水平参差不齐、原料结构有待优化等问题，节能降碳改造升级潜力较大。

根据《高耗能行业重点领域能效标杆水平和基准水平（2021 年版）》，乙烯能效标杆水平为 590 千克标准油 / 吨、基准水平为 640 千克标准油 / 吨。截至 2020 年底，我国蒸汽裂解制乙烯能效优于标杆水平的产能约占 20%，能效低于基准水平的产能约占总产能 30%。

二、工作方向

（一）加强前沿技术开发应用，培育标杆示范企业

推动原油直接裂解技术、电裂解炉技术开发应用。加强装备电气化与绿色能源耦合利用技术应用。

（二）加快成熟工艺普及推广，有序推动改造升级

1. 绿色工艺技术。采用热泵流程，将烯烃精馏塔和制冷压缩相结合，提高

精馏过程热效率。采用裂解炉在线烧焦技术，推广先进减粘塔减粘技术，提高超高压蒸汽产量，减少汽提蒸汽用量。

2. 重大节能装备。采用分凝分馏塔，增加气液分离效率。采用扭曲片管等裂解炉管和新型强制通风型烧嘴，降低过剩空气率，提高裂解炉热效率。采用可塑性耐火材料衬里、陶瓷纤维衬里、高温隔热漆等优质保温材料，降低热损失。采用高效吹灰器，清除对流段炉管积灰。采用裂解气压缩机段间低压力降水冷器，降低裂解气压缩机段间冷却压力降，减少压缩机功耗。选用高效转子、冷箱、换热器。推广余热利用热泵集成技术。裂解炉实施节能改造提高热效率，加强应用绿电的裂解炉装备及配套技术开发应用。

3. 能量系统优化。采用先进优化控制技术，推进优化装置换热网络，提高装置整体换热效率。采用急冷油塔中间回流技术，回收急冷油塔的中间热量。采用炉管强化传热技术，提高热效率。增设空气预热器，利用乙烯等装置余热预热助燃空气，减少燃料消耗，合理回收烟道气、急冷水、蒸汽凝液等热源热量。采用低温乙烷、丙烷、液化天然气（LNG）冷能利用技术，降低装置能耗。

4. 公辅设施改造。通过采取对蒸汽动力锅炉、汽轮机和空压机、鼓风机运行参数等蒸汽动力系统，以及循环水泵扬程、凝结水回收系统进行优化改造，对氢气压缩机等动设备进行运行优化，解决低压蒸汽过剩排空、电力消耗大等问题。回收利用蒸汽凝液，集成利用低温热，采取新型材料改进保温、保冷效果。

5. 原料优化调整。采用低碳、轻质、优质裂解原料，提高乙烯产品收率，降低能耗和碳排放强度。推动区域优质裂解原料资源集约集聚和优化利用，提高资源利用效率。

（三）严格政策约束，淘汰落后低效产能

严格执行节能、环保、质量、安全技术等相关法律法规和《产业结构调整指导目录》等政策，加快 30 万吨 / 年以下乙烯装置淘汰退出。对能效水平在基准值以下，且无法通过节能改造达到基准值以上的乙烯装置，加快淘汰退出。

三、工作目标

到 2025 年，乙烯行业规模化水平大幅提升，原料结构轻质化、低碳化、优质化趋势更加明显，乙烯行业标杆产能比例达到 30% 以上，能效基准水平以下产能有序开展改造提升，行业节能降碳效果显著，绿色低碳发展能力大幅提高。

附件 3

对二甲苯行业节能降碳改造升级实施指南

一、基本情况

对二甲苯是石油化学工业的重要组成部分，是连接上游石化产业与下游聚酯化纤产业的关键枢纽。对二甲苯生产装置包括预加氢、催化重整、芳烃抽提、歧化及烷基转移、二甲苯异构化、二甲苯分馏、芳烃提纯等工艺过程，能耗主要由燃料气消耗、蒸汽消耗和电力消耗组成。用能主要存在加热炉热效率低、余热利用不足、分馏塔分离效率偏低、塔顶低温热利用率低、耗电设备能效偏低等问题，节能降碳改造升级潜力较大。

根据《高耗能行业重点领域能效标杆水平和基准水平（2021 年版）》，对二甲苯能效标杆水平为 380 千克标准油 / 吨、基准水平为 550 千克标准油 / 吨。截至 2020 年底，我国对二甲苯能效优于标杆水平的产能约占 23%，能效低于基准水平的产能约占 18%。

二、工作方向

（一）加强前沿技术开发应用，培育标杆示范企业

加强国产模拟移动床吸附分离成套（SorPX）技术，以及吸附塔格栅、模拟移动床控制系统、大型化二甲苯塔及二甲苯重沸炉等技术装置的开发应用，提高运行效率，降低装置能耗和排放。

（二）加快成熟工艺普及推广，有序推动改造升级

1. 绿色技术工艺。加强重整、歧化、异构化、对二甲苯分离等先进工艺技

术的开发应用，优化提升吸附分离工艺并加强新型高效吸附剂研发，加快二甲苯液相异构化技术开发应用。加大两段重浆化结晶工艺技术和络合结晶分离技术研发应用。

2. 重大节能装备。推动重整“四合一”、二甲苯再沸等加热炉及歧化、异构化反应炉优化改造，降低烟气和炉表温度。重整、歧化、异构化进出料换热器采用缠绕管换热器，重沸器和蒸汽发生器采用高通量管换热管等。采用新型高效塔板提高精馏塔分离效率，加大分（间）壁塔技术推广应用，合理选用高效空冷设备。

3. 能量系统优化。优化分馏及精馏工艺参数，开展工艺物流热联合，合理设置精馏塔塔顶蒸汽发生器，塔顶物流用于加热塔底重沸器。利用夹点技术优化装置换热流程，提高能量利用率。

4. 公辅设施改造。采用高效机泵，合理配置变频电机及功率。用蒸汽发生器代替空冷器，发生蒸汽供汽轮机或加热设备使用。用热媒水换热器代替空冷器，将热量供给加热设备使用或作为采暖热源。

（三）严格政策约束，淘汰落后低效产能

严格执行节能、环保、质量、安全技术等相关法律法规和《产业结构调整指导目录》等政策，加快推动单系列 60 万吨 / 年以下规模对二甲苯装置淘汰退出。对能效水平在基准值以下，且无法通过节能改造达到基准值以上的对二甲苯装置，加快淘汰退出。

三、工作目标

到 2025 年，对二甲苯行业装置规模化水平明显提升，能效标杆水平以上产能比例达到 50%，能效基准水平以下产能基本清零，行业节能降碳效果显著，绿色低碳发展能力大幅提高。

附件 4

现代煤化工行业节能降碳改造升级实施指南

一、基本情况

现代煤化工是推动煤炭清洁高效利用的有效途径，对拓展化工原料来源具有积极作用，已成为石油化工行业的重要补充。本实施指南所指现代煤化工行业包括煤制甲醇、煤制烯烃和煤制乙二醇。现代煤化工行业先进与落后产能并存，企业能效差异显著。用能主要存在余热利用不足、过程热集成水平偏低、耗汽/耗电设备能效偏低等问题，节能降碳改造升级潜力较大。

根据《高耗能行业重点领域能效标杆水平和基准水平（2021 年版）》，以褐煤为原料的煤制甲醇能效标杆水平为 1550 千克标准煤/吨，基准水平为 2000 千克标准煤/吨；以烟煤为原料的煤制甲醇能效标杆水平为 1400 千克标准煤/吨，基准水平为 1800 千克标准煤/吨；以无烟煤为原料的煤制甲醇能效标杆水平为 1250 千克标煤/吨，基准水平为 1600 千克标煤/吨。煤制烯烃（MTO 路线）能效标杆水平为 2800 千克标煤/吨，基准水平为 3300 千克标煤/吨。煤制乙二醇能效标杆水平为 1000 千克标煤/吨，基准水平为 1350 千克标煤/吨。截至 2020 年底，我国煤制甲醇行业能效优于标杆水平的产能约占 15%，能效低于基准水平的产能约占 25%。煤制烯烃行业能效优于标杆水平的产能约占 48%，且全部产能高于基准水平。煤制乙二醇行业能效优于标杆水平的产能约占 20%，能效低于基准水平的产能约占 40%。

二、工作方向

（一）加强前沿技术开发应用，培育标杆示范企业

加快研发高性能复合新型催化剂。推动自主化成套大型空分、大型空压增

压机、大型煤气化炉示范应用。推动合成气一步法制烯烃、绿氢与煤化工项目耦合等前沿技术开发应用。

（二）加快成熟工艺普及推广，有序推动改造升级

1. 绿色技术工艺。加快大型先进煤气化、半 / 全废锅流程气化、合成气联产联供、高效合成气净化、高效甲醇合成、节能型甲醇精馏、新一代甲醇制烯烃、高效草酸酯合成及乙二醇加氢等技术开发应用。推动一氧化碳等温变换技术应用。

2. 重大节能装备。加快高效煤气化炉、合成反应器、高效精馏系统、智能控制系统、高效降膜蒸发技术等装备研发应用。采用高效压缩机、变压器等高效节能设备进行设备更新改造。

3. 能量系统优化。采用热泵、热夹点、热联合等技术，优化全厂热能供需匹配，实现能量梯级利用。

4. 余热余压利用。根据工艺余热品位的不同，在满足工艺装置要求的前提下，分别用于副产蒸汽、加热锅炉给水或预热脱盐水和补充水、有机朗肯循环发电，使能量供需和品位相匹配。

5. 公辅设施改造。根据适用场合选用各种新型、高效、低压降换热器，提高换热效率。选用高效机泵和高效节能电机，提高设备效率。

6. 废物综合利用。依托项目周边二氧化碳利用和封存条件，因地制宜开展变换等重点工艺环节高浓度二氧化碳捕集、利用及封存试点。推动二氧化碳生产甲醇、可降解塑料、碳酸二甲酯等产品。加强灰、渣资源化综合利用。

7. 全过程精细化管控。强化现有工艺和设备运行维护，加强煤化工企业全过程精细化管控，减少非计划启停车，确保连续稳定高效运行。

（三）严格政策约束，淘汰落后低效产能

严格执行节能、环保、质量、安全技术等相关法律法规和《产业结构调整指导目录》等政策，对能效水平在基准值以下，且无法通过节能改造达到基准值以上的煤化工产能，加快淘汰退出。

三、工作目标

到 2025 年，煤制甲醇、煤制烯烃、煤制乙二醇行业达到能效标杆水平以上产能比例分别达到 30%、50%、30%，基准水平以下产能基本清零，行业节能降碳效果显著，绿色低碳发展能力大幅提高。

附件 5

合成氨行业节能降碳改造升级实施指南

一、基本情况

合成氨用途较为广泛，除用于生产氮肥和复合肥料以外，还是无机和有机化学工业的重要基础原料。不同原料的合成氨工艺路线有差异，主要包括原料气制备、原料气净化、CO 变换、氨合成、尾气回收等工序。能耗主要由原料气消耗、燃料气消耗、煤炭消耗、蒸汽消耗和电力消耗组成。合成氨行业规模化水平差异较大，不同企业能效差异显著。用能主要存在能量转换效率偏低、余热利用不足等问题，节能降碳改造升级潜力较大。

根据《高耗能行业重点领域能效标杆水平和基准水平（2021 年版）》，以优质无烟块煤为原料的合成氨能效标杆水平为 1100 千克标准煤 / 吨，基准水平为 1350 千克标准煤 / 吨；以非优质无烟块煤、型煤为原料的合成氨能效标杆水平为 1200 千克标准煤 / 吨，基准水平为 1520 千克标准煤 / 吨；以粉煤为原料的合成氨能效标杆水平为 1350 千克标煤 / 吨，基准水平为 1550 千克标煤 / 吨；以天然气为原料的合成氨能效标杆水平为 1000 千克标煤 / 吨，基准水平为 1200 千克标煤 / 吨。截至 2020 年底，我国合成氨行业能效优于标杆水平的产能约占 7%，能效低于基准水平的产能约占 19%。

二、工作方向

（一）加强前沿引领技术开发应用，培育标杆示范企业

开展绿色低碳能源制合成氨技术研究和示范。示范 6.5 兆帕及以上的干煤粉气化技术，提高装置气化效率；示范、优化并适时推广废锅或半废锅流程回

收高温煤气余热副产蒸汽，替代全激冷流程煤气降温技术，提升煤气化装置热效率。

（二）加快成熟工艺装备普及推广，有序推动改造升级

1. 绿色技术工艺。优化合成氨原料结构，增加绿氢原料比例。选择大型化空分技术和先进流程，配套先进控制系统，降低动力能耗。加大可再生能源生产氨技术研究，降低合成氨生产过程碳排放。

2. 重大节能装备。提高传质传热和能量转换效率，提高一氧化碳变换，用等温变换炉取代绝热变换炉。涂刷反辐射和吸热涂料，提高一段炉的热利用率。采用大型高效压缩机，如空分空压机及增压机、合成气压缩机等，采用蒸汽透平直接驱动，推广采用电驱动，提高压缩效率，避免能量转换损失。

3. 能量系统优化。优化气化炉设计，增设高温煤气余热废热锅炉副产蒸汽系统。优化二氧化碳气提尿素工艺设计，增设中压系统。

4. 余热余压利用。在满足工艺装置要求的前提下，根据工艺余热品位不同，分别用于副产蒸汽、加热锅炉给水或预热脱盐水和补充水、有机朗肯循环发电，实现能量供需和品位相匹配。

5. 公辅设施改造。根据适用场合选用各种新型、高效、低压降换热器，提高换热效率。选用高效机泵和高效节能电机，提高设备效率。采用性能好的隔热、保冷材料加强设备和管道保温。

（三）严格政策约束，淘汰落后低效产能

严格执行节能、环保、质量、安全技术等相关法律法规和《产业结构调整指导目录》等政策，加快淘汰高温煤气洗涤水在开式冷却塔中与空气直接接触冷却工艺技术，大幅减少含酚氰氨大气污染物排放。

三、工作目标

到 2025 年，合成氨行业能效标杆水平以上产能比例达到 15%，能效基准水平以下产能基本清零，行业节能降碳效果显著，绿色低碳发展能力大幅增强。

附件 6

电石行业节能降碳改造升级实施指南

一、行业能效基本情况

电石是重要的基础化工原料，主要用于聚氯乙烯、1,4- 丁二醇、醋酸乙烯、氰氨化钙、氯丁橡胶等领域。电石能耗主要由炭材（焦炭、兰炭）消耗和电力消耗组成。用能主要存在炭材使用量较大、电石炉电耗偏高、资源综合利用水平较低、余热利用不足等问题，节能降碳改造升级潜力较大。

根据《高耗能行业重点领域能效标杆水平和基准水平（2021 年版）》，电石能效标杆水平为 805 千克标准煤 / 吨、基准水平为 940 千克标准煤 / 吨。截至 2020 年底，我国电石行业能效优于标杆水平的产能约占 3%，能效低于基准水平的产能约占 25%。

二、节能降碳的工作方向

（一）加强前沿技术开发应用，培育标杆示范企业

加强电石显热回收及高效利用技术研发和推广应用，降低单位电石产品综合能耗。加快氧热法、电磁法等电石生产新工艺开发，适时建设中试及工业化装置。

（二）加快成熟工艺普及推广，有序推动改造升级

1. 绿色技术工艺。促进热解球团生产电石新工艺推广应用，降低电石冶炼的单位产品工艺电耗和综合能耗。加强电石显热回收利用技术研发应用，加强氧热法、电磁法等电石生产新工艺开发应用。推进电石炉采用高效保温材料，

有效减少电石炉体热损失，降低电炉电耗。

2. 资源综合利用。采用化学合成法制乙二醇、甲醇等技术工艺，推动电石炉气资源综合利用改造。推动电石显热资源利用技术。

3. 余热余压利用。推广先进余热回收技术，使用热管技术回收电石炉气余热用于发电。回收利用石灰窑废气余热作为炭材烘干装置热源，回收电石炉净化灰作为炭材烘干装置补充燃料，提高余热利用水平。

（三）严格政策约束，淘汰落后低效产能

严格执行节能、环保、质量、安全技术等相关法律法规和《产业结构调整指导目录》等政策，淘汰内燃式电石炉，引导长期停产的无效电石产能主动退出。对能效水平在基准值以下，且无法通过节能改造达到基准值以上的生产装置，加快淘汰退出。

三、工作目标

到 2025 年，电石领域能效标杆水平以上产能比例达到 30%，能效基准水平以下产能基本清零，行业节能降碳效果显著，绿色低碳发展能力大幅增强。

附件 7

烧碱行业节能降碳改造升级实施指南

一、基本情况

烧碱广泛应用于石油化工、医药、轻工、纺织、建材、冶金等领域。烧碱能耗主要为电力消耗。用能主要体现在管理运行方面，存在装备水平和原料电耗相似但用能存在较大差异、余热利用不足等问题，节能降碳改造升级潜力较大。

根据《高耗能行业重点领域能效标杆水平和基准水平（2021 年版）》，离子膜法液碱（≥ 30%）能效标杆水平为 315 千克标准煤 / 吨，基准水平为 350 千克标准煤 / 吨；离子膜法液碱（≥ 45%）能效标杆水平为 420 千克标准煤 / 吨，基准水平为 470 千克标准煤 / 吨；离子膜法固碱（≥ 98%）能效标杆水平为 620 千克标准煤 / 吨，基准水平为 685 千克标准煤 / 吨。截至 2020 年底，我国烧碱行业能效优于标杆水平的产能约占 15%，能效低于基准水平的产能约占 25%。

二、工作方向

（一）加强前沿技术开发应用，培育标杆示范企业

加强储氢燃料电池发电集成装置研发和应用，探索氯碱—氢能—绿电自用新模式。加强烧碱蒸发和固碱加工先进技术研发应用。

（二）加快成熟工艺普及推广，有序推动改造升级

1. 绿色技术工艺。开展膜极距技术改造升级。推动离子膜法烧碱装置进行

膜极距离子膜电解槽改造升级。推动以高浓度烧碱和固片碱为主要产品的烧碱企业实施多效蒸发节能改造升级。

2. 资源优化利用。促进可再生能源与氯碱用能相结合，推动副产氢气高值利用技术改造。在满足氯碱生产过程中碱、氯、氢平衡的基础上，采用先进制氢和氢处理技术，优化副产氢气下游产品类别。

3. 余热余压利用。开展氯化氢合成炉升级改造，提高氯化氢合成余热利用水平。开展工艺优化和精细管理，提升水、电、汽管控水平，提高资源利用效率。

4. 公辅设施改造。开展针对蒸汽系统、循环水系统、制冷制暖系统、空压系统、电机系统、输配电系统等公用工程系统能效提升改造，提升用能效率。

三、工作目标

到 2025 年，烧碱领域能效标杆水平以上产能比例达到 40%，能效基准水平以下产能基本清零，行业节能降碳效果显著，绿色低碳发展能力大幅增强。

附件 8

纯碱行业节能降碳改造升级实施指南

一、基本情况

纯碱是重要的基础化工原料，主要用于玻璃、无机盐、洗涤用品、冶金和轻工食品等领域。纯碱用能主要存在原料结构有待优化、节能装备有待更新、余热利用不足等问题，节能降碳改造升级潜力较大。

根据《高耗能行业重点领域能效标杆水平和基准水平（2021 年版）》，氨碱法（轻质）纯碱能效标杆水平为 320 千克标准煤 / 吨，基准水平为 370 千克标准煤 / 吨；联碱法（轻质）纯碱能效标杆水平为 160 千克标准煤 / 吨，基准水平为 245 千克标准煤 / 吨；氨碱法（重质）纯碱能效标杆水平为 390 千克标准煤 / 吨，基准水平为 420 千克标准煤 / 吨；联碱法（重质）纯碱能效标杆水平为 210 千克标准煤 / 吨，基准水平为 295 千克标准煤 / 吨。截至 2020 年底，我国纯碱行业能效优于标杆水平的产能约占 36%，能效低于基准水平的产能约占 10%。

二、工作方向

（一）加强前沿技术开发应用，培育标杆示范企业

加强一步法重灰技术、重碱离心机过滤技术、重碱加压过滤技术、回转干铵炉技术等开发应用。

（二）加快成熟工艺普及推广，有序推动改造升级

1. 绿色技术工艺。加大热法联碱工艺、湿分解小苏打工艺、井下循环制碱

工艺、氯化铵干燥气循环技术、重碱二次分离技术等推广应用。

2. 重大节能装备。采用带式过滤机替代转鼓过滤机，推广粉体流凉碱设备、大型碳化塔、水平带式过滤机、大型冷盐析结晶器、大型煅烧炉、高效尾气吸收塔等设备，推动老旧装置开展节能降碳改造升级。

3. 余热余压利用。采用煅烧炉气余热、蒸汽冷凝水余热利用等节能技术进行改造。推动具备条件的联碱企业采用副产蒸汽的大型水煤浆气化炉进行改造，副产蒸汽用于纯碱生产。

4. 原料优化利用。开展原料优化改造升级，加大天然碱矿藏开发利用，提高天然碱产能占比，降低产品能耗。

三、工作目标

到 2025 年，纯碱领域能效标杆水平以上产能比例达到 50%，基准水平以下产能基本清零，行业节能降碳效果显著，绿色低碳发展能力大幅增强。

附件 9

磷铵行业节能降碳改造升级实施指南

一、基本情况

磷铵是现代农业的重要支撑，对保障国家粮食生产、食品安全等具有重要作用。磷铵能耗主要由燃料气消耗、蒸汽消耗和电力消耗组成。用能主要存在生产工艺落后、余热利用不足、过程热集成水平偏低、耗电设备能耗偏大等问题，节能降碳改造升级潜力较大。

根据《关于发布〈高耗能行业重点领域能效标杆水平和基准水平（2021年版）〉的通知》，采用传统法（粒状）的磷酸一铵能效标杆水平为 255 千克标准煤 / 吨，基准水平为 275 千克标准煤 / 吨；采用传统法（粉状）的磷酸一铵能效标杆水平为 240 千克标准煤 / 吨，基准水平为 260 千克标准煤 / 吨；采用料浆法（粒状）的磷酸一铵能效标杆水平为 170 千克标准煤 / 吨，基准水平为 190 千克标准煤 / 吨；采用料浆法（粉状）磷酸一铵能效标杆水平为 165 千克标准煤 / 吨，基准水平为 185 千克标准煤 / 吨；采用传统法（粒状）的磷酸二铵能效标杆水平为 250 千克标准煤 / 吨，基准水平为 275 千克标准煤 / 吨；采用料浆法（粒状）的磷酸二铵能效标杆水平为 185 千克标准煤 / 吨，基准水平为 200 千克标准煤 / 吨。截至 2020 年底，我国磷铵行业能效优于标杆水平的产能约占 20%，能效低于基准水平的产能约占 55%。

二、工作方向

（一）加强前沿技术开发应用，培育标杆示范企业

开发硝酸法磷肥、工业磷酸一铵及联产净化磷酸技术，节约硫资源，不产

生磷石膏。开发利用中低品位磷矿生产农用聚磷酸铵及其复合肥料技术。开发尾矿和渣酸综合利用技术，制备聚磷酸钙镁、聚磷酸铵钙镁等产品。推动磷肥工艺与废弃生物质资源化利用技术耦合，生产新型有机磷铵产品。

（二）加快成熟工艺普及推广，有序推动改造升级

1. 绿色技术工艺。加强磷铵先进工艺技术的开发和应用。采用半水 – 二水法 / 半水法湿法磷酸工艺改造现有二水法湿法磷酸生产装置，推进单（双）管式反应器生产工艺改造。开发新型综合选矿技术、选矿工艺及技术装备，研制使用选择性高、专属性强、环境友好的高效浮选药剂。开发新型磷矿酸解工艺，提高磷得率。发展含中微量元素水溶性磷酸一铵、有机无机复合磷酸一铵等新型磷铵产品。

2. 能量系统优化。提升磷酸选矿、萃取、过滤工艺水平，强化过程控制，优化工艺流程和设备配置，降低磷铵单位产品能耗。采用磷铵料浆三效蒸发浓缩工艺改造现有两效蒸发浓缩工艺，提高磷酸浓缩、磷铵料浆浓缩效率，降低蒸汽消耗。

3. 余热余压利用。采用能源回收技术，建设低温位热能回收装置，余热用于副产蒸汽、加热锅炉给水或预热脱盐水和补充水、有机朗肯循环发电。

4. 公辅设施改造。根据不同适用场合选用各种新型、高效、低压降换热器，提高换热效率。选用高效机泵和高效节能电机，提高设备效率。采用性能好的隔热材料加强设备和管道保温。

三、工作目标

到 2025 年，本领域能效标杆水平以上产能比例达到 30%，能效基准水平以下产能低于 30%，行业节能降碳效果显著，绿色低碳发展能力大幅增强。

附件 10

黄磷行业节能降碳改造升级实施指南

一、基本情况

黄磷是磷化工产业（不含磷肥）重要基础产品，主要用于生产磷酸、三氯化磷等磷化物。黄磷能耗主要由电力消耗和焦炭消耗组成。用能主要存在原料品位低导致电耗升高、尾气综合利用不足、热能利用不充分等问题，节能降碳改造升级潜力较大。

根据《高耗能行业重点领域能效标杆水平和基准水平（2021 年版）》，黄磷能效标杆水平为 2300 千克标准煤 / 吨，基准水平 2800 千克标准煤 / 吨。截至 2020 年底，我国黄磷行业能效优于标杆水平的产能约占 25%，能效低于基准水平的产能约占 30%。

二、工作方向

（一）加强前沿技术开发应用，培育标杆示范企业

推动磷化工制黄磷与煤气化耦合创新，对还原反应炉、燃烧器等关键技术装备进行工业化验证，提高中低品位磷矿资源利用率，通过磷 – 煤联产加快产业创新升级。

（二）加快成熟工艺普及推广，有序推动改造升级

1. 绿色技术工艺。加快推广黄磷尾气烧结中低品位磷矿及粉矿技术，提升入炉原料品位，降低耗电量。加快磷炉气干法除尘及其泥磷连续回收技术应用。推广催化氧化法和变温变压吸附法净化、提纯磷炉尾气，用于生产化工产品。

2. 能量系统优化。采用高绝热性材料优化黄磷炉炉体，减少热量损失。

3. 余热余压利用。磷炉尾气用于原料干燥与泥磷回收，回收尾气燃烧热用于产生蒸汽及发电。

三、工作目标

到 2025 年，黄磷领域能效标杆水平以上产能比例达到 30%，能效基准水平以下产能基本清零，行业节能降碳效果显著，绿色低碳发展能力大幅增强。

附件 11

水泥行业节能降碳改造升级实施指南

一、基本情况

水泥行业是我国国民经济发展的重要基础原材料产业，其产品广泛应用于土木建筑、水利、国防等工程，为改善民生、促进国家经济建设和国防安全起到了重要作用。水泥生产过程中需要消耗电、煤炭等能源。我国水泥生产企业数量众多，因不同水泥企业发展阶段不一样，生产能耗水平和碳排放水平差异较大，节能降碳改造升级潜力较大。

根据《高耗能行业重点领域能效标杆水平和基准水平（2021 年版）》，水泥熟料能效标杆水平为 100 千克标准煤 / 吨，基准水平 117 千克标准煤 / 吨。按照电热当量计算法，截至 2020 年底，水泥行业能效优于标杆水平的产能约占 5%，能效低于基准水平的产能约占 24%。

二、工作方向

（一）加强先进技术攻关，培育标杆示范企业

积极开展水泥行业节能低碳技术发展路线研究，加快研发超低能耗标杆示范新技术、绿色氢能煅烧水泥熟料关键技术、新型固碳胶凝材料制备及窑炉尾气二氧化碳利用关键技术、水泥窑炉烟气二氧化碳捕集与纯化催化转化利用关键技术等重大关键性节能低碳技术，加大技术攻关力度，加快先进适用节能低碳技术产业化应用，促进水泥行业进一步提升能源利用效率。

（二）加快成熟工艺普及推广，有序推动改造升级

1. 推广节能技术应用。推动采用低阻高效预热预分解系统、第四代篦冷机、模块化节能或多层复合窑衬、气凝胶、窑炉专家优化智能控制系统等技术，进一步提升烧成系统能源利用效率。推广大比例替代燃料技术，利用生活垃圾、固体废弃物和生物质燃料等替代煤炭，减少化石燃料的消耗量，提高水泥窑协同处置生产线比例。推广分级分别高效粉磨、立磨 / 辊压机高效料床终粉磨、立磨煤磨等制备系统改造，降低粉磨系统单位产品电耗。推广水泥碳化活性熟料开发及产业化应用技术，推动水泥厂高效节能风机 / 电机、自动化、信息化、智能化系统技术改造，提高生产效率和生产管理水平。

2. 加强清洁能源原燃料替代。建立替代原燃材料供应支撑体系，加大清洁能源使用比例，支持鼓励水泥企业利用自有设施、场地实施余热余压利用、替代燃料、分布式发电等，努力提升企业能源“自给”能力，减少对化石能源及外部电力依赖。

3. 合理降低单位水泥熟料用量。推动以高炉矿渣、粉煤灰等工业固体废物为主要原料的超细粉替代普通混合材，提高水泥粉磨过程中固废资源替代熟料比重，降低水泥产品中熟料系数，减少水泥熟料消耗量，提升固废利用水平。合理推动高贝特水泥、石灰石煅烧黏土低碳水泥等产品的应用。

4. 合理压减水泥工厂排放。推广先进过滤材料、低氮分级分区燃烧和成熟稳定高效的脱硫、脱硝、除尘技术及装备，推动水泥行业全流程、全环节超低排放。

三、工作目标

到 2025 年，水泥行业能效标杆水平以上的熟料产能比例达到 30%，能效基准水平以下熟料产能基本清零，行业节能降碳效果显著，绿色低碳发展能力大幅增强。

附件 12

平板玻璃行业节能降碳改造升级实施指南

一、基本情况

玻璃行业是我国国民经济发展的重要基础原材料产业。玻璃生产过程中需要消耗燃料油、煤炭、天然气等能源。我国不同平板玻璃企业生产能耗水平和碳排放水平差异较大，节能降碳改造升级潜力较大。

根据《高耗能行业重点领域能效标杆水平和基准水平（2021 年版）》，平板玻璃（生产能力 >800 吨 / 天）能效标杆水平为 8 千克标准煤 / 重量箱，基准水平 12 千克标准煤 / 重量箱，平板玻璃（500 ≤生产能力≤ 800 吨 / 天）能效标杆水平为 9.5 千克标准煤 / 重量箱，基准水平 13.5 千克标准煤 / 重量箱。截至 2020 年底，平板玻璃行业能效优于标杆水平的产能占比小于 5%，能效低于基准水平的产能约占 8%。

二、工作方向

（一）加强先进技术攻关，培育标杆示范企业

研究玻璃行业节能降碳技术发展方向，加快研发玻璃熔窑利用氢能成套技术及装备、浮法玻璃工艺流程再造技术、玻璃熔窑窑外预热工艺及成套技术与装备、大型玻璃熔窑大功率“火 - 电”复合熔化技术、玻璃窑炉烟气二氧化碳捕集提纯技术、浮法玻璃低温熔化技术等，加大技术攻关力度，加快先进适用节能低碳技术产业化应用，进一步提升玻璃行业能源使用效率。

（二）加快成熟工艺普及推广，有序推动改造升级

1. 推广节能技术应用。采用玻璃熔窑全保温、熔窑用红外高辐射节能涂料

等技术，提高玻璃熔窑能源利用效率，提升窑炉的节能效果，减少燃料消耗。采用玻璃熔窑全氧燃烧、纯氧助燃工艺技术及装备，优化玻璃窑炉、锡槽、退火窑结构和燃烧控制技术，提高热效率，节能降耗。采用配合料块化、粒化和预热技术，调整配合料配方，控制配合料的气体率，调整玻璃体氧化物组成，开发低熔化温度的料方，减少玻璃原料中碳酸盐组成，降低熔化温度，减少燃料的用量，降低二氧化碳排放。推广自动化配料、熔窑、锡槽、退火窑三大热工智能化控制，熔化成形数字仿真，冷端优化控制、在线缺陷检测、自动堆垛铺纸、自动切割分片、智能仓储等数字化、智能化技术，推动玻璃生产全流程智能化升级。

2. 加强清洁能源原燃料替代。建立替代原燃材料供应支撑体系，支持有条件的平板玻璃企业实施天然气、电气化改造提升，推动平板玻璃行业能源消费逐步转向清洁能源为主。大力推进能源的节约利用，不断提高能源精益化管理水平。加大绿色能源使用比例，鼓励平板玻璃企业利用自有设施、场地实施余热余压利用、分布式发电等，提升企业能源“自给”能力，减少对化石能源及外部电力依赖。

3. 合理压减终端排放。研发玻璃生产超低排放工艺及装备，探索推动玻璃行业颗粒物、二氧化硫、氮氧化物全过程达到超低排放。

三、工作目标

到 2025 年，玻璃行业能效标杆水平以上产能比例达到 20%，能效基准水平以下产能基本清零，行业节能降碳效果显著，绿色低碳发展能力大幅增强。

附件 13

建筑、卫生陶瓷行业节能降碳改造升级实施指南

一、基本情况

建筑、卫生陶瓷行业是我国国民经济的重要组成部分，是改善民生、满足人民日益增长的美好生活需要不可或缺的基础制品业。建筑、卫生陶瓷生产过程中需要消耗煤、天然气、电力等能源。我国不同建筑、卫生陶瓷企业生产能耗水平和碳排放水平差异较大，单位产品综合能耗差距较大、能源管控水平参差不齐，节能降碳改造升级潜力较大。

根据《高耗能行业重点领域能效标杆水平和基准水平（2021 年版）》，吸水率≤ 0.5% 的陶瓷砖能效标杆水平为 4 千克标准煤 / 平方米，基准水平为 7 千克标准煤 / 平方米；0.5% ＜吸水率≤ 10% 的陶瓷砖能效标杆水平为 3.7 千克标准煤 / 平方米，基准水平为 4.6 千克标准煤 / 平方米；吸水率＞ 10% 的陶瓷砖能效标杆水平为 3.5 千克标准煤 / 平方米，基准水平为 4.5 千克标准煤 / 平方米；卫生陶瓷能效标杆水平为 300 千克标准煤 / 吨，基准水平为 630 千克标准煤 / 吨。截至 2020 年底，建筑、卫生陶瓷行业能效优于标杆水平的产能占比小于 5%，能效低于基准水平的产能占比小于 5%。

二、工作方向

（一）加强先进技术攻关，培育标杆示范企业

研究建筑、卫生陶瓷应用电能、氢能、富氧燃烧等新型烧成技术及装备，能耗智能监测和节能控制技术及装备。建筑陶瓷研发电烧辊道窑、氢燃料辊道

窑烧成技术与装备，微波干燥技术及装备。卫生陶瓷研发 3D 打印母模开发技术和装备。加大技术攻关力度，加快先进适用节能低碳技术产业化应用，促进陶瓷行业进一步提升能源利用效率，减少碳排放。

（二）加快成熟工艺普及推广，有序推动改造升级

1. 推广节能技术应用。建筑陶瓷推广干法制粉工艺技术，连续球磨工艺技术，薄型建筑陶瓷（包含陶瓷薄板）制造技术，原料标准化管理与制备技术，陶瓷砖（板）低温快烧工艺技术，节能窑炉及高效烧成技术，低能及余热的高效利用技术等绿色低碳功能化建筑陶瓷制备技术。卫生陶瓷推广压力注浆成形技术与装备，智能釉料喷涂技术与装备，高强石膏模具制造技术、高强度微孔塑料模具材料及制作技术，高效节能烧成和微波干燥、少空气干燥技术，窑炉余热综合规划管理应用技术等卫生陶瓷制造关键技术。

2. 加强清洁能源原燃料替代。建立替代原燃材料供应支撑体系，推动建筑、卫生陶瓷行业能源消费结构逐步转向使用天然气等清洁能源，加大绿色能源使用比例，支持鼓励建筑、卫生陶瓷企业利用自有设施、场地实施太阳能利用、余热余压利用、分布式发电等，努力提升企业能源自给能力，减少对化石能源及外部电力依赖。

3. 合理压减终端排放。通过多污染物协同治理技术、低温余热循环回收利用技术等，实现颗粒物、二氧化硫、氮氧化物减排；通过低品位原料、固体废弃物资源化利用技术与环保设备的改造升级，实现与相关产业协同碳减排的目的。

三、工作目标

到 2025 年，建筑、卫生陶瓷行业能效标杆水平以上的产能比例均达到 30%，能效基准水平以下产能基本清零，行业节能降碳效果显著，绿色低碳发展能力大幅增强。

附件 14

钢铁行业节能降碳改造升级实施指南

一、基本情况

钢铁工业是我国国民经济发展不可替代的基础原材料产业，是建设现代化强国不可或缺的重要支撑。我国钢铁工业以高炉－转炉长流程生产为主，一次能源消耗结构主要为煤炭，节能降碳改造升级潜力较大。

根据《高耗能行业重点领域能效标杆水平和基准水平（2021 年版）》，高炉工序能效标杆水平为 361 千克标准煤 / 吨、基准水平为 435 千克标准煤 / 吨；转炉工序能效标杆水平为 −30 千克标准煤 / 吨、基准水平为 −10 千克标准煤 / 吨；电弧炉冶炼（30 吨 < 公称容量 < 50 吨）能效标杆水平为 67 千克标准煤 / 吨、基准水平为 86 千克标准煤 / 吨，电弧炉冶炼（公称容量≥ 50 吨）能效标杆水平为 61 千克标准煤 / 吨、基准水平为 72 千克标准煤 / 吨。截至 2020 年底，我国钢铁行业高炉工序能效优于标杆水平的产能约占 4%，能效低于基准水平的产能约占 30%；转炉工序能效优于标杆水平的产能约占 6%，能效低于基准水平的产能约占 30%。

二、工作方向

（一）加强先进技术攻关，培育标杆示范企业

重点围绕副产焦炉煤气或天然气直接还原炼铁、高炉大富氧或富氢冶炼、熔融还原、氢冶炼等低碳前沿技术，加大废钢资源回收利用，加强技术源头整体性的基础理论研究和产业创新发展，开展产业化试点示范。

（二）加快成熟工艺普及推广，有序推动改造升级

1. 绿色技术工艺。推广烧结烟气内循环、高炉炉顶均压煤气回收、转炉烟一次烟气干法除尘等技术改造。推广铁水一罐到底、薄带铸轧、铸坯热装热送、在线热处理等技术，打通、突破钢铁生产流程工序界面技术，推进冶金工艺紧凑化、连续化。加大熔剂性球团生产、高炉大比例球团矿冶炼等应用推广力度。开展绿色化、智能化、高效化电炉短流程炼钢示范，推广废钢高效回收加工、废钢余热回收、节能型电炉、智能化炼钢等技术。推动能效低、清洁生产水平低、污染物排放强度大的步进式烧结机、球团竖炉等装备逐步改造升级为先进工艺装备，研究推动独立烧结（球团）和独立热轧等逐步退出。

2. 余热余能梯级综合利用。进一步加大余热余能的回收利用，重点推动各类低温烟气、冲渣水和循环冷却水等低品位余热回收，推广电炉烟气余热、高参数发电机组提升、低温余热有机朗肯循环（ORC）发电、低温余热多联供等先进技术，通过梯级综合利用实现余热余能资源最大限度回收利用。加大技术创新，鼓励支持电炉、转炉等复杂条件下中高温烟气余热、冶金渣余热高效回收及综合利用工艺技术装备研发应用。

3. 能量系统优化。研究应用加热炉、烘烤钢包、钢水钢坯厂内运输等数字化、智能化管控措施，推动钢铁生产过程的大物质流、大能量流协同优化。全面普及应用能源管控中心，强化能源设备的管理，加强能源计量器具配备和使用，推动企业能源管理数字化、智能化改造。推进各类能源介质系统优化、多流耦合微型分布式能源系统、区域能源利用自平衡等技术研究应用。

4. 能效管理智能化。进一步推进 5G、大数据、人工智能、云计算、互联网等新一代信息技术在能源管理的创新应用，鼓励研究开发能效机理和数据驱动模型，建立设备、系统、工厂三层级能效诊断系统，通过动态可视精细管控实现核心用能设备的智能化管控、生产工艺智能耦合节能降碳、全局层面智能调度优化及管控、能源与环保协同管控，推动能源管理数字化、网络化、智能化发展，提升整体能效水平。

5. 通用公辅设施改造。推广应用高效节能电机、水泵、风机产品，提高使用比例。合理配置电机功率，实现系统节电。提升企业机械化自动化水平。开展压缩空气集中群控智慧节能、液压系统伺服控制节能、势能回收等先进技术研究应用。鼓励企业充分利用大面积优质屋顶资源，以自建或租赁方式投资建设分布式光伏发电项目，提升企业绿电使用比例。

6. 循环经济低碳改造。重点推广钢渣微粉生产应用以及含铁含锌尘泥的综合利用，提升资源化利用水平。鼓励开展钢渣微粉、钢铁渣复合粉技术研发与应用，提高水泥熟料替代率，加大钢渣颗粒透水型高强度沥青路面技术、钢渣固碳技术研发与应用力度，提高钢渣循环经济价值。推动钢化联产，依托钢铁企业副产煤气富含的大量氢气和一氧化碳资源，生产高附加值化工产品。开展工业炉窑烟气回收及利用二氧化碳技术的示范性应用，推动产业化应用。

三、工作目标

到 2025 年，钢铁行业炼铁、炼钢工序能效标杆水平以上产能比例达到 30%，能效基准水平以下产能基本清零，行业节能降碳效果显著，绿色低碳发展能力大幅提高。

附件 15

焦化行业节能降碳改造升级实施指南

一、基本情况

焦化行业在我国经济建设中不可或缺，其产品焦炭是长流程高炉炼铁必不可少的燃料和还原剂。焦化工序是能源转化工序，消耗的能源主要有洗净煤、高炉煤气、焦炉煤气等。焦化行业面临着能耗高、污染大等问题，节能降碳改造升级潜力较大。

根据《高耗能行业重点领域能效标杆水平和基准水平（2021 年版）》，顶装焦炉工序能效标杆水平为 110 千克标准煤 / 吨、基准水平为 135 千克标准煤 / 吨；捣固焦炉工序能效标杆水平为 110 千克标准煤 / 吨、基准水平为 140 千克标准煤 / 吨。截至 2020 年底，焦化行业能效优于标杆水平的产能约占 2%，能效低于基准水平的产能约占 40%。

二、工作方向

（一）加强先进技术攻关，培育标杆示范企业

发挥焦炉煤气富氢特性，有序推进氢能发展利用，研究开展焦炉煤气重整直接还原炼铁工程示范应用，实现与现代煤化工、冶金、石化等行业的深度产业融合，减少终端排放，促进全产业链节能降碳。

（二）加快成熟工艺普及推广，有序推动改造升级

1. 绿色技术工艺。重点推动高效蒸馏、热泵等先进节能工艺技术应用。加快推进焦炉精准加热自动控制技术普及应用，实现焦炉加热燃烧过程温度优化控制，降低加热用煤气消耗。加大煤调湿技术研究应用力度，降低对生产工艺

影响。

2. 余热余能回收。进一步加大余热余能的回收利用，推广应用干熄焦、上升管余热回收、循环氨水及初冷器余热回收、烟道气余热回收等先进适用技术，研究焦化系统多余热耦合优化。

3. 能量系统优化。研究开发焦化工艺流程信息化、智能化技术，建立智能配煤系统，完善能源管控体系，建设能源管控中心，加大自动化、信息化、智能化管控技术在生产组织、能源管理、经营管理中的应用。

4. 循环经济改造。推广焦炉煤气脱硫废液提盐、制酸等高效资源化利用技术，解决废弃物污染问题。利用现有炼焦装备和产能，研究加强焦炉煤气高效综合利用，延伸焦炉煤气利用产业链条，开拓焦炉煤气应用新领域。

5. 公辅设施改造。提高节能型水泵、永磁电机、永磁调速、开关磁阻电机等高效节能产品使用比例，合理配置电机功率，系统节约电能。鼓励利用焦化行业的低品质热源用于周边城镇供暖。

三、工作目标

到 2025 年，焦化行业能效标杆水平以上产能比例超过 30%，能效基准水平以下产能基本清零，行业节能降碳效果显著，绿色低碳发展能力大幅提高。

附件 16

铁合金行业节能降碳改造升级实施指南

一、基本情况

铁合金行业是我国冶金工业的重要组成部分。铁合金消耗的主要能源为电力、焦炭，铁合金行业总体能耗量较大、企业间能效水平差距较大，行业节能降碳改造升级潜力较大。

根据《高耗能行业重点领域能效标杆水平和基准水平（2021 年版）》，硅铁铁合金单位产品能效标杆水平为 1770 千克标准煤 / 吨、基准水平为 1900 千克标准煤 / 吨；锰硅铁合金单位产品能效标杆水平为 860 千克标准煤 / 吨、基准水平为 950 千克标准煤 / 吨；高碳铬铁铁合金单位产品能效标杆水平为 710 千克标准煤 / 吨、基准水平为 800 千克标准煤 / 吨。截至 2020 年底，我国铁合金行业能效优于标杆水平的产能约占 4%，能效低于基准水平的产能约占 30%。

二、工作方向

（一）加强先进技术攻关，培育标杆示范企业

加大新技术的推广应用，鼓励采用炉料预处理、原料精料入炉，提高炉料热熔性能，减少熔渣能源消耗。推广煤气干法除尘、组合式把持器、无功补偿及电压优化、变频调速等先进适用技术。研究开发熔融还原、等离子炉冶炼、连铸连破等新技术，提升生产效率、降低能耗。

（二）加快成熟工艺普及推广，有序推动改造升级

1. 工艺技术装备升级。加快推进工艺技术装备升级，新（改、扩）建硅铁、工业硅矿热炉须采用矮烟罩半封闭型，锰硅合金、高碳锰铁、高碳铬铁、镍铁

矿热炉采用全封闭型，容量≥25000千伏安，同步配套余热发电和煤气综合利用设施。支持产能集中的地区制定更严格的淘汰落后标准，研究对25000千伏安以下的普通铁合金电炉以及不符合安全环保生产标准的半封闭电炉实施升级改造，提高技术装备水平。加强能源管理中心建设，实施电力负荷管理，加大技术改造推进电炉封闭化、自动化、智能化，提升生产、能源智能管控一体化水平。

2. 节能减排新技术。以节能降耗、综合利用为重点，重点推广应用回转窑窑尾烟气余热发电等技术，推进液态热熔渣直接制备矿渣棉示范应用，实现废渣的余热回收和综合利用。逐步推广冶金工业尾气制燃料乙醇、饲料蛋白技术，实现二氧化碳捕捉利用。开展炉渣、硅微粉生产高附加值产品的综合利用新技术研发。

三、工作目标

到2025年，铁合金行业能效标杆水平以上产能比例达到30%，硅铁、锰硅合金能效基准水平以下产能基本清零，高碳铬铁节能降碳升级改造取得显著成效，行业节能降碳效果显著，绿色低碳发展能力大幅提高。

附件 17

有色金属冶炼行业节能降碳改造升级实施指南

一、基本情况

有色金属工业是国民经济的重要基础产业，是实现制造强国的重要支撑。随着节能降碳技术的推广应用，有色金属行业清洁生产水平和能源利用效率不断提升，但仍然存在不少突出问题。如企业间单位产品综合能耗差距较大、能源管控水平参差不齐、通用设备能效水平差距明显，行业节能降碳改造升级潜力较大。

根据《高耗能行业重点领域能效标杆水平和基准水平（2021 年版）》，铜冶炼工艺（铜精矿 – 阴极铜）能效标杆水平为 260 千克标准煤 / 吨，基准水平为 380 千克标准煤 / 吨。电解铝铝液交流电耗标杆水平为 13000 千瓦时 / 吨，基准水平为 13350 千瓦时 / 吨。铅冶炼粗铅工艺能效标杆水平为 230 千克标准煤 / 吨，基准水平为 300 千克标准煤 / 吨。锌冶炼湿法炼锌工艺电锌锌锭（有浸出渣火法处理工艺，精矿 – 电锌锌锭）能效标杆水平为 1100 千克标准煤 / 吨，基准水平为 1280 千克标准煤 / 吨。截至 2020 年底，铜冶炼行业能效优于标杆水平产能约占 40%，能效低于基准水平的产能约占 10%。电解铝能效优于标杆水平产能约占 10%，能效低于基准水平的产能约占 20%。铅冶炼行业能效优于标杆水平产能约占 40%，能效低于基准水平的产能约占 10%。锌冶炼行业能效优于标杆水平产能约占 30%，能效低于基准水平的产能约占 15%。

二、工作方向

（一）加强先进技术开发，培育标杆示范企业

针对铜、铝、铅、锌等重点品种的关键领域和环节，开展高质量阳极技术、电解槽综合能源优化、数字化智能电解槽、铜冶炼多金属回收及能源高效利用、铅冶炼能源系统优化、锌湿法冶金多金属回收、浸出渣资源化利用新技术等一批共性关键技术的研发应用。探索一批铝电解惰性阳极、新型火法炼锌技术等低碳零碳颠覆性技术，建设一批示范性工程，培育打造一批行业认同、模式先进、技术领先、带动力强的标杆企业，引领行业绿色低碳发展。

（二）稳妥推进改造升级，提升行业能效水平

1. 推广应用先进适用技术。电解铝领域重点推动电解铝新型稳流保温铝电解槽节能改造、铝电解槽大型化、电解槽结构优化与智能控制、铝电解槽能量流优化及余热回收等节能低碳技术改造，鼓励电解铝企业提升清洁能源消纳能力。铜、铅、锌冶炼领域重点推动短流程冶炼、旋浮炼铜、铜阳极纯氧燃烧、液态高铅渣直接还原、高效湿法锌冶炼技术、锌精矿大型化焙烧技术、赤铁矿法除铁炼锌工艺、多孔介质燃烧技术、侧吹还原熔炼粉煤浸没喷吹技术等节能低碳技术改造。建设一批企业能源系统优化控制中心，实现能源合理调度、梯级利用，减少能源浪费；淘汰能耗高的风机、水泵、电机等用能设备，推进通用设备升级换代。

2. 合理压减终端排放。结合电解铝和铜铅锌冶炼工艺特点、实施节能降碳和污染物治理协同控制。围绕赤泥、尾矿，以及铝灰、大修渣、白烟尘、砷滤饼、酸泥等固体废物，积极开展无害化处置利用技术开发和推广。推动实施铝灰资源化、赤泥制备陶粒、锌浸出渣无害化处置、赤泥生产复合材料、赤泥高性能掺合料、电解铝大修渣资源化及无害化处置等先进适用技术改造，提高固废处置利用规模和能力。

3. 创新工艺流程再造。加快推进跨行业的工艺、技术和流程协同发展，形成更多创新低碳制造工艺和流程再造，实现绿色低碳发展。鼓励有色、钢铁和

建材等企业间区域流程优化整合，实现流程再造，推进跨行业相融发展，形成跨行业协调降碳新模式。

（三）严格政策约束，淘汰落后低效产能

严格执行节能、环保、质量、安全技术等相关法律法规和《产业结构调整指导目录》等政策，坚决淘汰落后生产工艺、技术、设备。

三、工作目标

到2025年，通过实施节能降碳技术改造，铜、铝、铅、锌等重点产品能效水平进一步提升。电解铝能效标杆水平以上产能比例达到30%，铜、铅、锌冶炼能效标杆水平以上产能比例达到50%，4个行业能效基准水平以下产能基本清零，各行业节能降碳效果显著，绿色低碳发展能力大幅提高。

附件十

水泥单位产品能源消耗限额

1. 范围

本文件规定了水泥单位产品能源消耗（以下简称能耗）的限额等级、技术要求、统计范围与计算方法。

本文件适用于通用硅酸盐水泥生产企业用能单位能耗的计算、考核，以及对新建、改建和扩建项目的能耗控制。

2. 规范性引用文件

下列文件中的内容通过文中的规范性引用而构成本文件必不可少的条款。其中，注日期的引用文件，仅该日期对应的版本适用于本文件；不注日期的引用文件，其最新版本（包括所有的修改单）适用于本文件。

GB 175 通用硅酸盐水泥

GB/T 213 煤的发热量测定方法

GB/T 384 石油产品热值测定法

GB/T 2589 综合能耗计算通则

GB/T 12723 单位产品能源消耗限额编制通则

GB 17167 用能单位能源计量器具配备和管理通则

GB/T 21372 硅酸盐水泥熟料

GB/T 27977 水泥生产电能能效测试及计算方法

GB/T 30727 固体生物质燃料发热量测定方法

GB/T 33652 水泥制造能耗测试技术规程

GB/T 35461 水泥生产企业能源计量器具配备和管理要求

3. 术语和定义

GB 175、GB/T 2589、GB/T 12723、GB/T 21372 界定的以及下列术语和定义适用于本文件。

3.1 熟料单位产品综合能耗(energy consumption per unit product of clinker)

在统计报告期内，用能单位生产水泥熟料消耗的各种能源，折算成 1t 水泥熟料消耗的能源量。

3.2 水泥单位产品综合能耗(energy consumption per unit product of cement)

在统计报告期内，用能单位生产水泥消耗的各种能源，折算成 1t 水泥消耗的能源量。

3.3 熟料单位产品综合煤耗（fuel consumption per unit product of clinker）

在统计报告期内，用能单位生产水泥熟料消耗的煤、柴油等燃料量，折算成 1t 水泥熟料消耗的标准煤量。

3.4 熟料单位产品综合电耗(electricity consumption per unit product of clinker)

在统计报告期内，用能单位生产水泥熟料消耗的电能，折算成 1t 水泥熟料消耗的电能。

3.5 水泥单位产品综合电耗（electricity consumption per unit product of cement）

在统计报告期内，用能单位生产水泥消耗的电能，折算成 1t 水泥消耗的电能。

4. 能耗限额等级

4.1 水泥单位产品综合能耗限额等级见表 1，其中 1 级能耗最低。

表 1 水泥单位产品综合能耗限额等级

指标名称	能耗限额等级		
	1 级	2 级	3 级
水泥单位产品综合能耗 /（kgce/t）	≤ 80	≤ 87	≤ 94

4.2 熟料单位产品综合能耗、综合电耗和综合煤耗限额等级见表 2，其中 1 级能耗最低。

表 2 熟料单位产品综合能耗、综合电耗与综合煤耗限额等级

指标名称	能耗限额等级		
	1 级	2 级	3 级
熟料单位产品综合能耗（kgce/t）	≤ 100	≤ 107	≤ 117
熟料单位产品综合电耗（kW·h/t）	≤ 48	≤ 57	≤ 61
熟料单位产品综合煤耗（kgce/t）	≤ 94	≤ 100	≤ 109

4.3 水泥制备工段电耗限额等级见表 3，其中 1 级能耗最低。

表 3 水泥制备工段电耗限额等级

指标名称	能耗限额等级		
	1 级	2 级	3 级
水泥制备工段电耗（kWh/t）	≤ 26	≤ 29	≤ 34

5. 技术要求

5.1 生产水泥和水泥熟料产品的现有企业，其单位产品能耗限定值应满足表 1 ~ 表 3 中 3 级要求；外购熟料生产水泥的现有粉磨站企业，其水泥制备工段电耗限定值应满足表 3 中 3 级要求。

5.2 生产水泥和水泥熟料产品的新建、改建和扩建企业，其单位产品能耗准入值应满足表 1 ~ 表 3 中 2 级要求；外购熟料生产水泥的新建、改建和扩建粉磨站企业，其水泥制备工段电耗准入值应满足表 3 中 2 级要求。

5.3 当生产水泥和水泥熟料产品的现有企业厂区位置海拔高度大于 1500m 时，水泥单位产品综合能耗、熟料单位产品综合能耗、综合煤耗与综合电耗的 3 级指标应为表1、表 2 中 3 级指标值与海拔修正系数的乘积。

海拔修正系数按式（1）计算：

$$K = 1.179 - 0.211 \times \frac{P_H}{P_0} \tag{1}$$

式中 K——海拔修正系数；

1.179——回归修正系数；

0.211——回归修正系数；

P_0——海平面环境大气压，取值为 101325，Pa；

P_H——水泥窑所处环境大气压，Pa。

5.4 当水泥产品中熟料比例超过或低于 75%，每增减 1%，水泥单位产品综合能耗的 1 级、2 级和 3 级限额值应相应增减 1.10kgce/t、1.15kgce/t 和 1.20kgce/t。

5.5 当企业采用协同处置或替代燃料时，其单位产品综合能耗、综合煤耗与综合电耗各等级限额值计算应扣除协同处置消耗的能源量和替代燃料量。

6. 统计范围与计算方法

6.1 统计范围

6.1.1 熟料单位产品综合能耗统计范围

水泥熟料产品生产企业用能管理范围内，从原燃料进入生产厂区到水泥熟料产出的主要生产过程和辅助生产过程消耗的各种能源，不包括用于基建、技改等项目建设期消耗的能源。如果采用协同处置或替代燃料，应单独统计其消耗的能源量和替代燃料量。烧成系统废气用于余热电站发电时，应统计余热电站发电量及余热电站自用电量。固体燃料发热量应按照 GB / T 213 和 GB / T 30727 的要求测定，液体燃料发热量应按照 GB / T 384 的要求测定。电能消耗量的统计应符合 GB / T 27977 的要求。

6.1.2 水泥单位产品综合能耗统计范围

水泥产品生产企业用能管理范围内，从原燃料进入生产厂区到水泥产品出厂的主要生产过程和辅助生产过程消耗的各种能源，不包括用于基建、技改等项目建设期消耗的能源。如果采用协同处置或替代燃料，应单独统计其消耗的能源量和替代燃料量。烧成系统废气用于余热电站发电时，应统计余热电站发电量及余热电站自用电量。固体燃料发热量应按照 GB / T 213 和 GB / T 30727 的要求测定，液体燃料发热量应按照 GB / T 384 的要求测定。电能消耗量的统计应符合 GB / T 27977 的要求。

6.1.3 水泥制备工段电能消耗统计范围

水泥产品生产企业用能管理范围内，从水泥熟料、石膏及混合材调配库底到水泥成品入水泥储存库等符合 GB / T 33652 的要求的水泥制备工段统计范围内消耗的电量。电能消耗量的统计应符合 GB / T 27977 的要求。

6.1.4 能源消耗统计计量器具要求

水泥产品生产企业应按照 GB 17167 和 GB / T 35461 的要求配备能源计量器具。

6.2 计算方法

6.2.1 熟料单位产品综合煤耗

熟料单位产品综合煤耗按式（2）计算：

$$e_{sh}=\frac{\sum_{i-1}^{n}(m_i\times Q_{idW})}{Q_{BM}\times P_{sh}}-E_{he} \tag{2}$$

式中 e_{sh}——熟料单位产品综合煤耗，单位为千克标准煤每吨，kgce/t；

n——消耗的能源品种数；

m_i——熟料产品综合能耗统计范围内的第 i 种燃料的消耗总量，kg；

Q_{idW}——熟料产品综合能耗统计范围内的第 i 种燃料的加权平均低位发热量，kJ/kg；

Q_{BM}——每千克标准煤发热量，见 GB / T 2589，kJ/kgce；

P_{sh}——统计报告期内符合 GB / T 21372 的要求的水泥熟料总产量，t；

E_{he}——统计报告期内单位熟料余热发电折算的标准煤量，kgce/t。E_{he} 按式（3）计算，即

$$E_{he}=\frac{0.1229\times(w_{he}-w_0)}{P_{sh}} \quad (3)$$

式中 0.1229—— 每千瓦时电力折合的标准煤量，kgce/（kWh）；

w_{he}——统计报告期内余热电站总发电量，kWh;

w_0——统计报告期内余热电站自用电量，kWh。

6.2.2 熟料单位产品综合电耗

熟料单位产品综合电耗按式（4）计算，即

$$W_{sh}=\frac{w_{sh}}{P_{sh}} \quad (4)$$

式中 W_{sh}——熟料单位产品综合电耗，kWh/t;

w_{sh}——熟料产品综合电耗统计范围内的电能消耗总量，kWh。

6.2.3 熟料单位产品综合能耗

熟料单位产品综合能耗按式（5）计算，即

$$E_{sh}=e_{sh}+0.1229\times W_{sh} \quad (5)$$

式中 E_{sh}—— 熟料单位产品综合能耗，kgce/t。

6.2.4 水泥单位产品综合电耗

水泥单位产品综合电耗按式（6）计算，即

$$W_s=\frac{w_s}{P_s} \quad (6)$$

式中 W_s——水泥单位产品综合电耗，kWh/t;

P_s——统计报告期内符合 GB 175 的要求的水泥产品总产量，t;

w_s—— 水泥产品综合电耗统计范围内的电能消耗总量，kWh。w_s 按式（7）计算，即

$$w_s=w_{fm}+W_{sh}\times P_{shx}+w_m+w_g+w_{fz} \quad (7)$$

式中 w_{fm}——统计报告期内水泥粉磨及包装过程耗电量，kWh;

P_{shx}——统计报告期内企业生产水泥用熟料消耗量，t;

w_m——统计报告期内混合材预处理消耗的电能，kWh；

w_g——统计报告期内石膏预处理耗电量，kWh；

w_{fz}——统计报告期内应分摊的辅助生产用电量，kWh。

当企业全部采用外购熟料生产水泥时，式（7）中 W_{sh} 按零计算；当企业外购部分熟料生产水泥时，式（7）中 W_{sh} 应采用本企业熟料单位产品综合电耗数据。

6.2.5 水泥单位产品综合能耗

水泥单位产品综合能耗按式（8）计算，即

$$E_s = e_{sh} \times g + \frac{e_h}{P_s} + 0.1229 \times W_s \tag{8}$$

式中 E_s——水泥单位产品综合能耗，kgce/t；

g——统计期内水泥企业水泥中熟料平均配比；

e_h——统计报告期内水泥制备系统（包括水泥混合材烘干）所消耗燃料折算标准煤的量，kgce。

当企业全部采用外购熟料生产水泥（水泥粉磨站），式（8）中 e_{sh} 按零计算；当企业外购部分熟料生产水泥时，式（8）中 e_{sh} 应采用本企业熟料单位产品综合能耗数据。

6.2.6 水泥制备工段电耗

水泥制备工段电耗按式（9）计算，即

$$W_{sg} = \frac{w_{sg}}{P_s} \tag{9}$$

式中 W_{sg}——水泥制备工段电耗，kWh/t；

w_{sg}——水泥制备工段电耗统计范围内的电能消耗总量，kWh。

6.2.7 多条生产线企业的产品能耗计算

企业用能单位有多条产品生产线时，应按生产线分别计算能耗，共用系统部分的能耗应按产品产量比例分摊。

附件十一

玻璃和铸石单位产品能源消耗限额

1. 范围

本标准规定了平板玻璃、钢化玻璃、光伏压延玻璃和铸石的单位产品能源消耗（以下称“能耗”）的术语和定义、能耗限额等级、技术要求、能耗修正系数、统计范围和计算方法。

本标准适用于对以浮法工艺生产透明及本体着色的钠钙硅平板玻璃产品、以水平钢化法生产的钢化玻璃产品、以压延法生产的光伏压延玻璃产品以及生产铸石产品的企业进行能耗的计算、考核及新建和改扩建项目的能耗控制。

本标准不适用于生产普通压花玻璃、夹丝玻璃以及用于生产航天、电子、信息等行业用特殊平板玻璃产品的企业，也不适用于生产汽车用钢化玻璃、化学法钢化玻璃以及非水平钢化法生产钢化玻璃产品的企业。

2. 规范性引用文件

下列文件对于本文件的应用是必不可少的。凡是注日期的引用文件，仅注日期的版本适用于本文件。凡是不注日期的引用文件，其最新版本（包括所有的修改单）适用于本文件。

GB / T 2589　综合能耗计算通则

GB 11614　平板玻璃

GB / T 12723　单位产品能源消耗限额编制通则

GB / T 36267　钢化玻璃单位产品能耗测试方法

JC / T 2001　太阳电池用玻璃

3. 术语和定义

GB / T 2589 、GB / T 12723 界定的以及下列术语和定义适用于本文件。

3.1 平板玻璃单位产品能耗（the comprehensive energy consumption per unit product of flat glass）

在统计期内生产每重量箱合格平板玻璃所消耗的各种能源，按照规定的计算方法和单位分别折算后的总和。

3.2 汽车用平板玻璃专用生产线（special production line of flat glass for automobile）

浮法玻璃生产线的一种，产品用途单一，产量中 90% 以上用作制造汽车用玻璃的原片，其特点一般为生产线吨位小、产品厚度薄、质量要求高、颜色玻璃占比大。

3.3 钢化玻璃单位产品能耗（the energy consumption per unit product of tempered glass）

在统计期内，企业生产每平方米合格钢化玻璃产品所消耗的电力。

3.4 光伏压延玻璃（ultra-white patterned glass）

用于太阳能多晶硅电池组件覆盖板的超白压延玻璃。

3.5 光伏压延玻璃单位产品能耗（the comprehensive energy consumption per unit products of ultra-white patterned glass）

在统计期内生产每吨光伏压延玻璃所消耗的各种能源，按照规定的计算方法和单位分别折算后的总和。

3.6 铸石单位产品能耗（the comprehensive energy consumption per unit products of cast stone）

在统计期内生产每吨铸石所消耗的各种能源，按照规定的统计方法和计算单位折算后的总和。

4. 能耗限额等级

4.1 平板玻璃单位产品能耗限额等级

平板玻璃单位产品能耗限额等级见表 1，其限定值应不大于表中对应的数值，其中 1 级能耗最低。汽车用平板玻璃专用生产线平板玻璃单位产品能耗限额等级为表 1 数值与表 2 总体修正系数的乘积。

表 1 平板玻璃单位产品能耗限额等级

能耗限额等级	生产线设计生产能力（t/d）	单位产品能耗限定值（kgce/ 重量箱）
1	≥ 500 ≤ 800	9.5
	＞ 800	8.0
2	≥ 500 ≤ 800	11.5
	＞ 800	10.0
3	≤ 500	14.0
	＞ 500 ≤ 800	13.5
	＞ 800	12.0

注 表中 500t/d、800t/d 指熔窑设计日熔化玻璃液量（不包括全氧燃烧的玻璃熔窑）。

表 2 汽车用平板玻璃专用生产线平板玻璃单位产品能耗修正系数

代号	影响能耗的因素对应的指标要求	修正系数
a	年平均产能利用率 ≤ 85%	1.1
b	1.6 mm ≤厚度 ≤ 1.8 mm	产量占比 × 1.8
	1.8 mm ＜厚度 ≤ 2.1 mm	产量占比 × 1.4
	2.1 mm ＜厚度 ≤ 3 mm	产量占比 × 1.2

续表

代号	影响能耗的因素对应的指标要求	修正系数
b	3 mm <厚度 ≤ 4 mm	产量占比 × 1.1
	厚度 > 4 mm	产量占比 × 1.0
c	玻璃中铁含量 ≥ 1%	产量占比 × 1.3
	0.45% ≤玻璃中铁含量 < 1%	产量占比 × 1.1
	玻璃中铁含量< 0.45%	产量占比 × 1.0
d	生产规格调整引起非正常生产时长 ≥ 20d	1.1
总体修正系数 VC	a×b×c×d	

注 1. 在计算总体修正系数时，如调查统计情况与表中列出的指标不符，则该因素的修正系数取数值 1。

2. 年平均产能利用率是指年平均拉引量与设计生产能力的比值。

3. b、c 值为各影响能耗因素对应的修正系数之和。

4.2 钢化玻璃单位产品能耗限额等级

钢化玻璃单位产品能耗限额等级见表 3，其限定值应不大于表中对应的数值，其中 1 级能耗最低。

表 3 钢化玻璃单位产品能耗限额等级

能耗限额等级	玻璃种类	单位产品能耗限定值 (kWh/m^2)								
		厚度								
		3mm	4mm	5mm	6mm	8mm	10mm	12mm	15mm	19mm
1	平面普通钢化玻璃	2.20	2.30	2.64	3.22	4.00	5.38	5.98	7.18	10.38
	平面低辐射镀膜钢化玻璃	2.73	2.85	3.27	3.99	4.96	6.67	7.42	8.90	12.87
	曲面普通钢化玻璃	2.88	3.01	3.46	4.22	5.24	7.05	7.83	9.41	13.60

续表

能耗限额等级	玻璃种类	单位产品能耗限定值 (kWh/m²)								
		厚度								
		3mm	4mm	5mm	6mm	8mm	10mm	12mm	15mm	19mm
1	曲面低辐射镀膜钢化玻璃	3.56	3.73	4.28	5.22	6.48	8.72	9.69	11.63	16.82
2	平面普通钢化玻璃	2.75	2.87	3.30	4.02	5.00	6.73	7.48	8.98	12.97
	平面低辐射镀膜钢化玻璃	3.41	3.56	4.09	4.98	6.20	8.35	9.28	11.14	16.08
	曲面普通钢化玻璃	3.60	3.76	4.32	5.27	6.55	8.82	9.80	11.76	16.99
	曲面低辐射镀膜钢化玻璃	4.46	4.65	5.35	6.51	8.10	10.90	12.12	14.55	21.01
3	平面普通钢化玻璃	3.46	3.58	3.98	4.39	5.95	7.43	8.51	10.01	14.22
	平面低辐射镀膜钢化玻璃	4.29	4.44	4.94	5.44	7.38	9.21	10.55	12.41	17.63
	曲面普通钢化玻璃	4.53	4.69	5.21	5.75	7.79	9.73	11.15	13.11	18.63
	曲面低辐射镀膜钢化玻璃	5.61	5.80	6.45	7.11	9.64	12.04	13.79	16.22	23.04

4.3 光伏压延玻璃单位产品能耗限额等级

光伏压延玻璃单位产品能耗限额等级见表 4，其限定值应不大于表中对应的数值，其中 1 级能耗最低。

表 4　光伏压延玻璃单位产品能耗限额等级

能耗限额等级	生产线设计生产力 (t/d)	单位产品能耗限定值 (kgce/t)
1	≤ 300	300
	> 300	260
2	≤ 300	300
	> 300	260
3	≤ 300	400
	> 300	370

注　表中≤ t/d、V300t/d 指熔窑设计日熔化玻璃液量（不包括全氧燃烧的玻璃熔窑）。

4.4 铸石单位产品能耗限额等级

铸石单位产品能耗限额等级见表 5，其限定值应不大于表中对应的数值，其中 1 级能耗最低。

表 5　铸石单位产品能耗限额等级

能耗限额等级	单位产品能耗限定值 (kgce/t)
1	540
2	700
3	800

5. 技术要求

5.1 单位产品能耗限定值

5.1.1　平板玻璃单位产品能耗限定值

现有平板玻璃生产企业的平板玻璃单位产品能耗限定值应不大于表 1 中能耗限额等级的 3 级。现有汽车用平板玻璃专用生产线的平板玻璃单位产品能耗限定值应不大于表 1 中能耗限额等级的 3 级的数值与表 2 中总体修正系数的乘积。

5.1.2 钢化玻璃单位产品能耗限定值

现有钢化玻璃生产企业的钢化玻璃单位产品能耗限定值应不大于表 3 中能耗限额等级 3 级。

5.1.3 光伏压延玻璃单位产品能耗限定值

现有光伏压延玻璃生产企业的光伏压延玻璃单位产品能耗限定值应不大于表 4 中能耗限额等级的 3 级。

5.1.4 铸石单位产品能耗限定值

现有铸石生产企业的铸石单位产品能耗限定值应不大于表 5 中能耗限额等级的 3 级。

5.2 单位产品能耗准入值

5.2.1 平板玻璃单位产品能耗准入值

新建或改扩建平板玻璃生产企业的平板玻璃单位产品能耗限定值应不大于表 1 中能耗限额等级的 2 级。新建或改扩建汽车用平板玻璃专用生产线的平板玻璃单位产品能耗限定值应不大于表 1 中能耗限额等级的 2 级的数值与表 2 中总体修正系数的乘积。

5.2.2 钢化玻璃单位产品能耗准入值

新建或改扩建钢化玻璃生产企业的钢化玻璃单位产品能耗准入值应不大于表 3 中能耗限额等级的 2 级。

5.2.3 光伏压延玻璃单位产品能耗准入值

新建或改扩建光伏压延玻璃生产企业的光伏压延玻璃单位产品能耗准入值应不大于表 4 中能耗限额等级的 2 级。

5.2.4 铸石单位产品能耗准入值

新建或改扩建铸石生产企业的铸石单位产品能耗准入值应不大于表 5 中能

耗限额等级的2级。

6. 修正系数

6.1 窑龄系数

平板玻璃和光伏压延玻璃生产线的熔窑不同作业期的能耗修正系数见表6。

表6 窑龄系数

窑期划分	窑龄系数
设计窑龄的前1/3	1.00
设计窑龄的1/3后～2/3前	1.05
设计窑龄的2/3以后	1.12

6.2 燃料等效应系数

反映燃料的热能利用效率，以燃料油为基准的燃料等效应系数见表7。

表7 燃料等效应系数

燃料	等效应系数
燃料油	1.00
天然气	1.08
焦炉煤气	1.13
发生炉煤气（热）	1.20
石油焦	1.00

7. 统计范围和计算方法

7.1 统计范围

7.1.1 平板玻璃能耗的统计范围

能耗的统计范围包括：在统计期内，动力、氮氢站、原料、熔化、成型、退火、切裁和成品包装等生产工序所消耗的能源以及为生产服务的厂内运输工具、机修、照明等辅助生产所消耗的能源总和。

统计范围不包括：冷修（放水至出玻璃期间）、采暖、食堂、宿舍、燃料保管、运输损失、基建等消耗的能源以及生产界区内回收利用和输出的能源量。

企业有多座平板玻璃熔窑时，应分别统计能耗，对公用部分的能耗按产量比例分摊。

7.1.2 平板玻璃产量

统计期内企业按 GB 11614 的要求生产的合格产品的总产量或者汽车用玻璃专用生产线生产的符合相关标准要求的合格产品的总产量（单位为重量箱）。

7.1.3 钢化玻璃能耗的统计范围

在企业正常生产的情况下，统计生产线的加热工序和冷却工序所耗能源。不包括：原片玻璃切割、 磨边、清洗等工艺及食堂、办公、宿舍、厂内运输等能耗。

企业有多条钢化玻璃生产线时，应分别统计。

7.1.4 钢化玻璃产量

在符合 GB/T 36267 规定的统计期内，统计同一生产线生产的同厚度、同类别的合格钢化玻璃产的产量。

企业有多条钢化玻璃生产线时，应分别统计。

7.1.5 光伏压延玻璃能耗统计范围

能耗的统计范围包括：在统计期内，原料、熔化、成型、退火、切裁和成品包装等生产工序所消耗的能源以及为生产服务的厂内运输工具、机修、照明等辅助生产所消耗的能源总和。

统计范围不包括：冷修（放水至出玻璃期间）、采暖、食堂、宿舍、燃料保管、运输损失、基建等消耗的能源以及生产界区内回收利用和输出的能源量。

企业有多座光伏压延玻璃熔窑时，应分别统计能耗，对公用部分的能耗按产量比例分摊。

7.1.6 光伏压延玻璃产量

统计期内企业按照 JC/T 2001 生产的合格产品的总产量（单位为吨）。

7.1.7 铸石能耗统计范围

能耗的统计范围包括：在统计期内，原料制备、输送、熔化、成型、结晶、退火、切裁、检验和成品包装 等生产工序所消耗的能源以及为生产服务的供水、供热、供油、供气、机修、照明、安全、环保、模具制造等辅助生产所消耗的能总和。

统计范围不包括：生活设施、采暖、食堂、宿舍、燃料保管、运输损失、基建技改等消耗的能源以及生产界区内回收利用和输出的能源量。

7.1.8 铸石产量

统计期内企业生产的合格产品的总产量（单位为吨）。

7.2 计算方法

7.2.1 平板玻璃单位产品能耗计算方法

平板玻璃单位产品能耗按式（1）计算，即

$$E_b = \frac{1000 \times \left(\frac{e_c}{C_1 C_2} + e_d \right)}{P_b} \tag{1}$$

式中 E_b——平板玻璃单位产品能耗，单位为千克标准煤每重量箱（kgce /重量箱）；

e_c——主燃料消耗，即统计期内用于生产时熔窑所消耗的各种燃料量折算为标准煤，t；

e_d——其他能源消耗，即统计期内用于生产所消耗的电力、辅助生产和厂内运输所耗燃料或电力折算为标准煤，t；

P_b——统计期内合格产品总产量，单位为重量箱；

C_1——窑龄系数，见表 6；

C_2——燃料等效应系数，见表 7。

各种能源折算成标准煤的系数参见附录 A，燃料的热值应取统计期内的实测加权平均值或根据燃料分析加权平均值进行计算。

7.2.2 钢化玻璃单位产品能耗计算方法

钢化玻璃单位产品能耗按式（2）计算，即

$$E_g = \frac{e}{P_g} \tag{2}$$

式中 E_g——钢化玻璃单位产品能耗，kWh/m^2；

e——统计期内同一钢化玻璃生产线生产的同一厚度、同一种类钢化玻璃产品的能耗，kWh；

P_g——统计期内同一钢化玻璃生产线生产的同一厚度、同一种类合格钢化玻璃产品的产量，m^2。

7.2.3 光伏压延玻璃单位产品能耗计算方法

光伏压延玻璃单位产品能耗按式（1）计算，其中统计期内合格产品总产量的单位应为吨，单位产品能耗的单位为千克标准煤每吨（kgce/t）。

7.2.4 铸石单位产品能耗计算方法

铸石单位产品能耗按式（3）计算，即

$$E_z = \frac{1000 \times (e_h + e_d)}{P_z} \tag{3}$$

式中 E_z——铸石单位能耗，kgce/t；

e_h——各种燃料消耗，即统计期内用于生产时所消耗的各种燃料量折算为标准煤，t；

e_d——其他能源消耗，即统计期内用于生产和辅助生产所消耗的电力折算为标准煤，t；

P_z——统计期内合格产品总产量，t。

附录 A

（资料性附录）
各种能源折标准煤参考系数

各种能源折标准煤参考系数见表 A.1。

表 A.1　各种能源折标准煤参考系数

<table>
<tr><th colspan="2">能源名称</th><th>平均低位热值</th><th>折标准煤系数</th></tr>
<tr><td colspan="2">原煤</td><td>20908kJ/kg（5000kcal/kg）</td><td>0.7143kgce/kg</td></tr>
<tr><td colspan="2">洗精煤</td><td>26344kJ/kg（6300kcal/kg）</td><td>0.9000kgce/kg</td></tr>
<tr><td rowspan="2">其他洗煤</td><td>洗中煤</td><td>8363kJ/kg（2000kcal/kg）</td><td>0.2857kgce/kg</td></tr>
<tr><td>煤泥</td><td>8363kJ/kg −12545kJ/kg
（2000kcal/kg−3000kcal/kg）</td><td>0.2857kgce/kg ~
0.4286kgce/kg</td></tr>
<tr><td colspan="2">焦炭</td><td>28435kJ/kg（6800kcal/kg）</td><td>0.9714kgce/kg</td></tr>
<tr><td colspan="2">石油焦粉</td><td>35125kJ/kg（8400kcal/kg）</td><td>1.1800kgce/kg</td></tr>
<tr><td colspan="2">原油</td><td>41816kJ/kg（10000kcal/kg）</td><td>1.4286kgce/kg</td></tr>
<tr><td colspan="2">燃料油</td><td>41816kJ/kg（10300kcal/kg）</td><td>1.4286kgce/kg</td></tr>
<tr><td colspan="2">汽油</td><td>43070kJ/kg（5000kcal/kg）</td><td>1.4714kgce/kg</td></tr>
<tr><td colspan="2">煤油</td><td>43070kJ/kg（5000kcal/kg）</td><td>1.4714kgce/kg</td></tr>
<tr><td colspan="2">柴油</td><td>42652kJ/kg（10200kcal/kg）</td><td>1.4571kgce/kg</td></tr>
<tr><td colspan="2">煤焦油</td><td>33453kJ/kg（8000kcal/kg）</td><td>1.1429kgce/kg</td></tr>
<tr><td colspan="2">液化石油气</td><td>50179kJ/kg（12000kcal/kg）</td><td>1.7143kgce/kg</td></tr>
<tr><td colspan="2">炼厂干气</td><td>46055kJ/kg（11000kcal/kg）</td><td>1.5714kgce/kg</td></tr>
<tr><td colspan="2">天然气</td><td>38931kJ/m^3（9300kcal/m^3）</td><td>1.3300kgce/m^3</td></tr>
</table>

续表

能源名称		平均低位热值	折标准煤系数
焦炉煤气		16726kJ/m^3 ~ 17981kJ/m^3（4000kcal/m^3 ~ 4300kcal/m^3）	0.5714kgce/m^3 ~ 0.6143kgce/m^3
其他煤气	发生炉煤气	5227kJ/m^3（1250kcal/m^3）	0.1786kgce/m^3
	重油催化裂解煤气	19235kJ/m^3（4600kcal/m^3）	0.6571kgce/m^3
	重油热裂解煤气	35544kJ/m^3（8500kcal/m^3）	1.2143kgce/m^3
	焦炭制气	16308kJ/m^3（3900kcal/m^3）	0.5571kgce/m^3
	压力气化煤气	15054kJ/m^3（3600kcal/m^3）	0.5143kgce/m^3
	水煤气	10454kJ/m^3（2500kcal/m^3）	0.3571kgce/m^3
粗苯		41816kJ/kg（10000kcal/kg）	1.4286kgce/kg
热力（当量）		—	0.03412kgce/MJ
电力（当量）		3600kJ/（kWh）[860kcal/（kWh）]	0.1229kgce/（kWh）
标准煤（折）		29271.2kJ/kg（7000kcal/kg）	1.0000kgce/kg

附件十二

造纸单位产品能源消耗限额引导性指标

1. 范围

本标准规定了机制纸和纸板主要生产系统单位产品能源消耗（以下称能耗）限额的技术要求、统计范围、计算方法和节能管理与措施。

本标准适用于机制纸和纸板主要生产系统单位产品能耗的计算、考核，以及对新建及改扩建企业（装置）的能耗控制。本标准适用于附录 A 列出的造纸产品。

2. 规范性引用文件

下列文件对于本文件的应用是必不可少的。凡是注日期的引用文件，仅注日期的版本适用于本文件。凡是不注日期的引用文件，其最新版本（包括所有的修改单）适用于本文件。

GB 31825 制浆造纸单位产品能源消耗限额

3. 术语和定义

GB 31825 界定的以及下列术语和定义适用于本文件。为了便于使用，以下重复列出了 GB 31825 中的某些术语和定义。

3.1 机制纸和纸板主要生产系统

纸浆、商品浆或废纸原料经计量从浆料制备开始，经纸机抄造成成品纸或纸板，直至入库为止的有关工序组成的完整工艺过程和装备。

注： 改写 GB 31825—2015，定义 3.2。

3.2 辅助生产系统

为主要生产系统配置的工艺过程、设施和设备。包括动力、机电、机修、供水、供气、采暖、制冷和厂内原料场地以及安全、环保等装置。

（GB 31825—2015，定义 3.3）

3.3 附属生产系统

为主要生产系统和辅助生产系统配置的生产指挥系统和厂区内为生产服务的部门和单位。包括办公 室、操作室、中控室、休息室、更衣室、检验室等。

（GB 31825—2015，定义 3.3）

4. 技术要求

4.1 现有造纸主要生产系统单位产品能耗限定值引导性指标

现有机制纸和纸板主要生产系统单位产品能耗限定值引导性指标应符合表 1 的要求。

表 1　主要生产系统单位产品能耗限定值引导性指标（单位：千克标准每吨）

产品分类		主要生产系统单位产品能耗限定值引导性指标
新闻纸		≤ 280
非涂布印刷书写纸		≤ 400
涂布印刷纸		≤ 400
生活用纸	木浆	≤ 520
	非木浆	≤ 550
包装用纸		≤ 420
白纸板		≤ 300
箱纸板		≤ 300
瓦楞原纸		≤ 295
涂布纸板		≤ 315

4.2 新建及改扩建造纸主要生产系统单位产品能耗准入值引导性指标

新建及改扩建造纸主要生产系统单位产品能耗准入值引导性指标应符合表2的要求。

表2 主要生产系统单位产品能耗准入值引导性指标（单位：千克标准每吨）

产品分类		主要生产系统单位产品能耗准入值引导性指标
新闻纸		≤ 240
非涂布印刷书写纸		≤ 350
涂布印刷纸		≤ 350
生活用纸	木浆	≤ 450
	非木浆	≤ 470
包装用纸		≤ 380
白纸板		≤ 260
箱纸板		≤ 260
瓦楞原纸		≤ 245
涂布纸板		≤ 265

4.3 造纸主要生产系统单位产品能耗先进值

造纸主要生产系统单位产品能耗先进值应符合表3的要求。

表3 主要生产系统单位产品能耗先进值（单位：千克标准每吨）

产品分类	主要生产系统单位产品能耗先进值
新闻纸	≤ 210
非涂布印刷书写纸	≤ 300
涂布印刷纸	≤ 300

续表

产品分类		主要生产系统单位产品能耗先进值
生活用纸	木浆	≤ 420
	非木浆	≤ 460
包装用纸		≤ 320
白纸板		≤ 220
箱纸板		≤ 220
瓦楞原纸		≤ 210
涂布纸板		≤ 230

5. 能耗统计范围和计算方法

5.1 统计范围

5.1.1 造纸主要生产系统单位产品能耗按照机制纸和纸板能耗进行统计和计算。统计周期内，生产系统应处于正常运行状态，生产试运行、系统维护及维修等非正常运行下的能耗不在统计范围。

5.1.2 能耗统计范围应包括机制纸和纸板主要生产系统消耗的一次能源（原煤、原油、天然气等）、二次能源（电力、热力、石油制品等）和生产使用的耗能工质（水、压缩空气等）所消耗的能源，不包括辅助生产系统和附属生产系统消耗的能源。辅助生产系统、附属生产系统能源消耗量以及能源损耗量不计入主要生产系统单位产品能耗。

5.1.3 机制纸和纸板主要生产系统包括打浆、筛选、净化、配浆、调成、贮浆、流送、成型、压榨、干燥、表面施胶、整饰、卷纸、复卷、切纸、选纸、包装等过程，以及直接为造纸生产系统配备的辅料制备系统、涂料制备系统、真空系统、压缩空气系统、热风干燥系统、纸机通风系统、干湿损纸回收处理系统、纸机通汽和冷凝水回收系统、白水回收系统、纸机供水和高压供水系统、纸机液压系统和润滑系统等。

5.1.4 主要生产系统投入的各种能源及耗能工质消耗量应折算为标准煤计算。各种能源的热值应以企业在统计报告期内实测值为准。无实测值的，可参见 GB 31825 中的附录 B 的折算系数进行折算。电力和热力均按相应能源当量值折算，系数参见 GB 31825 中的附录 B。耗能工质折算系数参见 GB 31825 中的附录 C。

5.1.5 能耗的统计、计算应包括生产系统的各个生产环节，既不重复，又不漏计。企业主要生产系统回收的余热，属于节约循环利用，应按照实际回收的能量予以扣除，余热回收利用装置用能应计入能耗，辅助生产系统和附属生产系统回收的余热不予扣除。

5.2 计算方法

5.2.1 主要生产系统产品能耗按式（1）计算，即

$$E=\sum(e_i+p_i)_{i=1}^{n} \tag{1}$$

式中 E——产品能耗，kgce；

e_i——生产产品消耗的第 i 种能源实物量或耗能工质，单位为吨（t）或千克（kg）或千瓦时（kWh）或兆焦（MJ）或立方米（m^3）；其中热力的实物量应以蒸汽的压力、温度对应的热焓值乘以蒸汽的质量计算出热值，单位为兆焦（MJ）；

P_i——第 i 种能源的折算系数，其中电力折算系数为 0.1229kgce/kWh，热力折算系数为 0.03412kgce/MJ；

n——消耗能源的种数。

5.2.2 单位产品能耗按式（2）计算，即

$$e=\frac{E}{P} \tag{2}$$

式中 e——单位产品能耗，kgce/t；

E——产品能耗，kgce；

P —— 合格品产量，t。

6. 节能管理与措施

按 GB 31825 第六章规定执行。

附录 A

（规范性附录）
适用于本标准的造纸产品

A.1 通则

根据生产工艺和用途不同，机制纸和纸板产品按照 A.2 分类进行单位产品能源消耗的核算。

A.2 机制纸和纸板

A.2.1 新闻纸

以脱墨废纸浆为主要原料生产， 不包括以机械浆为主要原料生产的新闻纸。

A.2.2 非涂布印刷书写纸

包括胶印书刊纸、书写纸、胶版印刷纸、复印纸、轻型印刷纸等印刷书写用纸。

A.2.3 涂布印刷纸

包括轻量涂布纸、涂布美术印刷纸（铜版纸）等经过涂布处理的印刷用纸。

A.2.4 生活用纸

包括卫生纸品，如卫生纸、纸巾纸、擦拭纸、厨房用纸等。能耗限额值按原料分为木浆和非木浆两类， 混合浆执行非木浆类限额值。

A.2.5 包装用纸

包括纸袋纸、牛皮纸等，不包括薄型纸。

A.2.6 白纸板

包括未涂布的白纸板、白卡纸、纸杯原纸、液体包装纸板等。

A.2.7 箱纸板

包括牛皮箱纸板、挂面箱纸板等。

A.2.8 瓦楞原纸

用于制造瓦楞纸板的芯层用纸。

A.2.9 涂布纸板

包括经过涂布的纸板， 如涂布白纸板、涂布白卡纸、涂布箱纸板等。

附件十三

炼焦化学工业大气污染物超低排放标准

1. 范围

本标准规定了炼焦化学工业企业大气污染物排放限值、监测和监控要求，以及标准的实施与监督等相关规定。

本标准适用于现有和新建焦炉生产过程备煤、炼焦、煤气净化、焦化产品回收和热能利用等工序大气污染物的排放管理，以及炼焦化学工业企业建设项目的环境影响评价、环境保护设施设计、竣工环境保护验收、排污许可及其投产后大气污染物的排放管理。

2. 规范性引用文件

下列文件对于本文件的应用是必不可少的。凡是注日期的引用文件，仅注日期的版本适用于本文件。凡是不注日期的引用文件，其最新版本（包括所有的修改单）适用于本文件。

GB 3095　环境空气质量标准

GB/T 14669　空气质量　氨的测定　离子选择电极法

GB/T 14678　空气质量　硫化氢　甲硫醇　甲硫醚　二甲二硫的测定　气相色谱法

GB/T 15432　环境空气　总悬浮颗粒物的测定　重量法

GB/T 15439　环境空气 苯并（a）芘的测定　高效液相色谱法

GB/T 16157 固定污染源排气中颗粒物测定与气态污染物采样方法

GB 16171 炼焦化学工业污染物排放标准

HJ/T 28 固定污染源排气中氰化氢的测定 异烟酸—吡唑啉酮光度法

HJ/T 32 固定污染源排气中酚类化合物的测定 4- 氨基安替比林分光光度法

HJ/T 40 固定污染源气中苯并（a）芘的测定 高效液相色谱法

HJ/T 42 固定污染源排气中氮氧化物的测定 紫外分光光度法

HJ/T 43 固定污染源排气中氮氧化物的测定 盐酸萘乙二胺分光光度法

HJ/T 55 大气污染物无组织排放监测技术导则

HJ 38 固定污染源废气 总烃、甲烷和非甲烷总烃的测定 气相色谱法

HJ 57 固定污染源废气 二氧化硫的测定 定电位电解法

HJ 75 固定污染源烟气（SO_2、NO_x、颗粒物）排放连续监测技术规范

HJ 76 固定污染源烟气（SO_2、NO_x、颗粒物）排放连续监测系统技术要求及检测方法

HJ/T 397 固定源废气监测技术规范

HJ 479 环境空气 氮氧化物（一氧化氮和二氧化氮）的测定 盐酸萘乙二胺分光光度法

HJ 482 环境空气 二氧化硫的测定甲醛吸收 - 副玫瑰苯胺分光光度法

HJ 483 环境空气 二氧化硫的测定 四氯汞盐吸收 - 副玫瑰苯胺分光光度法

HJ 533 环境空气和废气 氨的测定 纳氏试剂分光光度法

HJ 534 环境空气 氨的测定 次氯酸钠 - 水杨酸分光光度法

HJ 583 环境空气 苯系物的测定 固体吸附 / 热脱附 - 气相色谱法

HJ 584 环境空气 苯系物的测定 活性炭吸附二硫化碳解吸气相色谱法

HJ 604 环境空气 总烃、甲烷和非甲烷总烃的测定 直接进样 - 气相色谱法

HJ 629 固定污染源废气 二氧化硫的测定 非分散红外吸收法

HJ 638 环境空气　酚类化合物的测定　高效液相色谱法

HJ 644 环境空气　挥发性有机物的测定　吸附管采样－热脱附/气相色谱－质谱法

HJ 690 固定污染源废气　苯可溶物的测定　索氏提取－重量法

HJ 692 固定污染源废气　氮氧化物的测定　非分散红外吸收法

HJ 693 固定污染源废气　氮氧化物　定电位电解法

HJ 732 固定污染源废气挥发性有机物的采样　气袋法

HJ 734 固定污染源废气　挥发性有机物的测定　固相吸附－热脱附/气相色谱－质谱法

HJ 759 环境空气　挥发性有机物的测定　罐采样/气相色谱－质谱法

HJ 836 固定污染源废气　低浓度颗粒物的测定　重量法

DB13/T 2376　固定污染源废气　颗粒物的测定　β射线法

《污染源自动监控管理办法》（国家环境保护总局令第28号）

《环境监测管理办法》（国家环境保护总局令第39号）

3. 术语和定义

GB 16171 界定的以及下列术语和定义适用于本文件。为了便于使用，以下重复列出了 GB 16171 中 的某些术语和定义。

3.1 炼焦化学工业（coke chemical industry）

炼焦煤按生产工艺和产品要求配比后，装入隔绝空气的密闭炼焦炉内，经高、中、低温干馏转化 为焦炭、焦炉煤气和化学产品的工艺过程。炼焦炉型包括：常规机焦炉、热回收焦炉、半焦（兰炭）炭化炉三种。

3.2 常规机焦炉（machine-coke oven）

炭化室、燃烧室分设，炼焦煤隔绝空气间接加热干馏成焦炭，并设有煤气净化、化学产品回收利用的生产装置。装煤方式分顶装和捣固侧装。本标准简称“机焦炉”。

3.3 热回收焦炉（thermal-recovery stamping mechanical coke oven）

集焦炉炭化室微负压操作、机械化捣固、装煤、出焦、回收利用炼焦燃烧废气余热于一体的焦炭生产装置，其炉室分为卧式炉和立式炉，以生产铸造焦为主。

3.4 标准状态（standard condition）

温度为 273K，压力为 101325Pa 时的状态，简称“标态”。本标准规定的大气污染物排放浓度均以标准状态下的干气体为基准。

3.5 现有企业（existing facility）

本标准实施之日前，已建成投产或环境影响评价文件已通过审批的炼焦化学工业企业及生产设施。

3.6 新建企业（new facility）

本标准实施之日起，环境影响评价文件通过审批的新建、改建和扩建的炼焦化学工业建设项目。

3.7 排气筒高度（stack height）

自排气筒（或其主体建筑构造）所在的地平面至排气筒出口计的高度。

3.8 企业边界（enterprise boundary）

炼焦化学工业企业的法定边界。若无法定边界，则指企业的实际边界。

4. 排放控制要求

4.1 基本规定

新建企业自本标准实施之日起执行，现有企业自 2020 年 10 月 1 日起执行。

4.2 大气污染排放标准

4.2.1 有组织排放源污染物排放限值按表 1 中规定执行。

表 1　大气污染物排放限值（单位：mg/m³）

序号	污染物排放环节	颗粒物	二氧化硫	氮氧化物	苯并（a）芘	氰化氢	苯	非甲烷总烃	氨	硫化氢	监控位置
1	精煤破碎、焦炭破碎、筛分及转运	10	–	–	–	–	–	–	–	–	车间或生产设施排气筒
2	装煤及炉头烟气	10	70	–	0.3μg/m³	–	–	–	–	–	
3	推焦	10	30	–	–	–	–	–	–	–	
4	焦炉烟囱	10	30	130	–	–	–	–	–	–	
5	干法熄焦	10	80	–	–	–	–	–	–	–	
6	管式炉等燃用焦炉煤气的设施	10	30	150	–	–	–	–	–	–	
7	冷鼓、库区焦油各类贮槽	–	–	–	0.3μg/m³	1.0	–	50	10	1.0	
8	苯贮槽	–	–	–	–	–	4	50	–	–	
9	脱硫再生塔	–	–	–	–	–	–	–	10	1.0	
10	硫铵结晶干燥	10	–	–	–	–	–	–	10	–	
11	酚氰废水处理站	–	–	–	–	–	–	50	10	1.0	

4.2.2 炼焦炉炉顶及企业边界无组织排放限值按表 2 中规定执行。

表 2　炼焦炉炉顶及企业边界大气污染物排放限值（单位：mg/m³）

污染物项目	颗粒物	二氧化硫	氮氧化物	苯并（a）芘	氰化氢	苯	酚类	硫化氢	氨	苯可溶物	非甲烷总烃	监控位置
浓度限值	2.5	–	–	2.5μg/m³	–	–	–	0.1	2.0	0.6	–	焦炉炉顶
	1.0	0.50	0.25	0.01μg/m³	0.024	0.1	0.02	0.01	0.2	–	2.0	企业边界

4.2.3 无组织排放控制

4.2.3.1 物料储存与运输系统

4.2.3.1.1 煤场、焦场应采用封闭、半封闭料场（仓、库、棚）。半封闭料场应至少两面有围墙（围挡）及屋顶，并对物料采取覆盖、喷淋（雾）等抑尘措施。料场出口应设置车轮清洗和车身清洁设施，或采取其他有效控制措施。

4.2.3.1.2 炼焦煤、焦炭等物料应采用封闭通廊、管状带式输送机等输送装置。焦粉等粉料采用车辆运输的，应采取密闭措施。汽车、火车卸料点应设置集气罩并配备除尘设施，或采取喷淋（雾）等抑尘措施；运输焦炭的皮带输送机受料点、卸料点应设置密闭罩，并配备除尘设施。

4.2.3.1.3 破碎、筛分设备进、出料口应设置密闭罩，并配备除尘设施。

4.2.3.1.4 除尘器灰仓卸灰不得直接卸落到地面。除尘灰应采用气力输送、罐车等密闭方式运输。

4.2.3.1.5 氨的储存、卸载、输送、制备等过程应密闭，并采取氨气泄漏检测措施。

4.2.3.1.6 厂区道路应硬化。道路采取清扫、洒水等措施，保持清洁。

4.2.3.2 装煤、出焦与熄焦

4.2.3.2.1 焦炉装煤应采用单孔炭化室压力调节、密闭导烟或配备除尘系统。焦炉机侧炉口烟气应收集净化处理。

4.2.3.2.2 焦炉出焦应配备除尘系统。

4.2.3.2.3 干熄炉装入、排出装置等产尘点应设置集气罩，并配备除尘设施。

4.2.3.2.4 湿法熄焦塔应设置双层捕尘板并保持完整。

4.2.3.3 焦炉炉体

焦炉炉体及其与工艺管道连接处应密封，正常炭化期间，不应有可见烟尘外逸。

4.2.3.4 化产

冷鼓各类贮槽（罐）及其他区域焦油、苯等有机贮槽（罐）排放气体应接入压力平衡系统或收集净化处理。

4.2.3.5 酚氰废水处理站

酚氰废水处理站调节池、生化池等恶臭产生环节应加盖密闭收集至净化设施。

4.2.3.6 企业可通过工艺改进等其他措施实现等效或更优的无组织排放控制目标。因安全因素或特殊工艺要求不能满足本标准规定的无组织排放控制要求，可采取其他等效污染控制措施，并向当地环境保护主管部门报告。

4.3 监控要求

4.3.1 在现有企业生产、建设项目竣工环保验收后的生产过程中，负责监管的环境保护主管部门应对周围居住、教学、医疗等用途的敏感区域环境质量进行监测。建设项目的具体监控范围为环境影响评价确定的周围敏感区域；未进行过环境影响评价的现有企业，监控范围由负责监管的环境保护主管部门，根据企业排污的特点和规律及当地的自然、气象条件等因素，参照相关环境影响评价技术导则确定。

地方政府应对本辖区环境质量负责， 采取措施确保环境状况符合环境质量标准要求。

4.3.2 产生大气污染物的生产工艺和装置必须设立局部或整体气体收集系统和净化处理装置，达标排放。所有排气筒高度应不低于 15m（排放含氰化氢废气的排气筒高度不得低于 25m）。排气筒周围半径 200m 范围内有建筑物时，排气筒高度还应高出最高建筑物 3m 以上。现有和新建焦化企业应安装荒煤气自动点火放散装置。

5. 污染物监测要求

5.1 污染物监测的一般要求

5.1.1 对企业排放废气的采样，应根据监测污染物的种类，在规定的污染物排放监控位置进行，有废气处理设施的，应在处理设施后监控。企业应按国家有关污染源监测技术规范的要求设置采样口，在污染物排放监控位置应设置永久性排污口标志。

5.1.2 新建企业和现有企业安装污染物排放自动监控设备的要求，按有关法律和《污染源自动监控管理办法》及 HJ 75、HJ 76 的规定执行。

5.1.3 对企业污染物排放情况进行监测的频次、采样时间等要求，按国家有关污染源监测技术规范的规定执行。

5.1.4 企业产品产量的核定，以法定报表为依据。

5.1.5 企业应按照有关法律和《环境监测管理办法》、排污许可证等规定，对排污状况进行监测，并保存原始监测记录。

5.2 大气污染物监测要求

5.2.1 采样点的设置与采样方法按 GB / T 16157、HJ / T 397 和 HJ 732 执行。

5.2.2 在有敏感建筑物方位、必要的情况下进行监控，具体要求按 HJ / T 55 进行监测。

5.2.3 常规机焦炉和热回收焦炉炉顶无组织排放的采样点设在炉顶装煤塔与焦炉炉端机侧和焦侧两侧的 1/3 处、2/3 处各设一个测点；应在正常工况下采样，颗粒物、苯并（a）芘和苯可溶物监测频次为每天采样 3 次，每次连续采样 4h；H_2S、NH_3 监测频次为每天采样 3 次，每次连续采样 30min。机焦炉和热回收焦炉的炉顶监测结果以所测点位中最高值计。

5.2.4 对企业排放大气污染物浓度的测定选取表 3 所列的方法标准。本标准实施后国家或河北省发布的污染物监测分析方法标准，如适用性满足要求，同样适用于本标准相应污染物的测定。

表 3 大气污染物浓度测定方法标准

序号	项目	分析方法	方法标准编号
1	颗粒物	固定污染源排气中颗粒物测定与气态污染物采样方法	GB / T 16157
		环境空气 总悬浮颗粒物的测定 重量法	GB / T 15432

续表

序号	项目	分析方法	方法标准编号
1	颗粒物	固定污染源废气　低浓度颗粒物的测定　重量法	HJ 836
		固定污染源废气　颗粒物的测定　β 射线法	DB13/T 2376
2	二氧化硫	固定污染源排气中二氧化硫的测定　定电位电解法	HJ 57
		固定污染源废气　二氧化硫的测定非分散红外吸收法	HJ 629
		环境空气　二氧化硫的测定　甲醛吸收－副玫瑰苯胺分光光度法	HJ 482
		环境空气二氧化硫的测定四氯汞盐吸收－副玫瑰苯胺分光光度法	HJ 483
3	苯并（a）芘	环境空气　苯并（a）芘的测定　高效液相色谱法	GB / T 15439
		固定污染源气中苯并（a）芘的测定　高效液相色谱法	HJ / T 40
4	氰化氢	固定污染源排气中氰化氢的测定　异烟酸—吡唑啉酮光度法	HJ / T 28
5	苯	环境空气　苯系物的测定　活性炭吸附二硫化碳解吸气相色谱法	HJ 584
		环境空气　苯系物的测定　固体吸附 / 热脱附－气相色谱法	HJ 583
		固定污染源废气　挥发性有机物的测定　固相吸附－热脱附 / 气相色谱－质谱法	HJ 734
6	酚类化合物	固定污染源排气中酚类化合物的测定　4- 氨基安替比林分光光度法	HJ / T 32
		环境空气　酚类化合物的测定　高效液相色谱法	HJ 638
7	非甲烷总烃	固定污染源废气　总烃、甲烷和非甲烷总烃的测定气相色谱法	HJ 38
		环境空气　总烃、甲烷和非甲烷总烃的测定 直接进样－气相色谱法	HJ 604
		环境空气　挥发性有机物的测定 吸附管采样－热脱附 / 气相色谱－质谱法	HJ 644

续表

序号	项目	分析方法	方法标准编号
7	非甲烷总烃	固定污染源废气　挥发性有机物的测定　固相吸附－热脱附 / 气相色谱－质谱法	HJ 734
		环境空气　挥发性有机物的测定 罐采样 / 气相色谱－质谱法	HJ 759
8	氮氧化物	固定污染源排气中氮氧化物的测定 紫外分光光度法	HJ / T 42
		固定污染源排气中氮氧化物的测定 盐酸萘乙二胺分光光度法	HJ / T 43
		环境空气　氮氧化物（一氧化氮和二氧化氮）的测定　盐酸萘乙二胺分光光度法	HJ 479
		固定污染源废气　氮氧化物　定电位电解法	HJ 693
		固定污染源废气　氮氧化物的测定　非分散红外吸收法	HJ 692
9	氨	空气质量　氨的测定　离子选择电极法	GB / T 14669
		环境空气和废气　氨的测定　纳氏试剂分光光度法	HJ 533
		环境空气　氨的测定　次氯酸钠－水杨酸分光光度法	HJ 534
10	硫化氢	空气质量　硫化氢　甲硫醇　甲硫二甲二硫的测定　气相色谱法	GB / T 14678
11	苯可溶物	固定污染源废气　苯可溶物的测定　索氏提取－重量法	HJ 690

5.3 焦炉烟囱大气污染物基准氧含量排放浓度折算方法

实测的焦炉烟囱颗粒物、二氧化硫、氮氧化物的排放浓度，应执行 GB / T 16157 的规定，按式（1）折算为基准氧含量排放浓度。

$$\rho = \rho' \times \frac{21 - \varphi(O_2)}{21 - \varphi'(O_2)} \tag{1}$$

式中 ρ—— 大气污染物基准氧含量排放浓度，mg/m^3；

ρ'—— 实测的大气污染物排放浓度，mg/m^3；

$\varphi'(O_2)$—— 实测的氧含量，%；

$\varphi(O_2)$—— 基准氧含量（以 8% 计）。

6. 标准的实施与监督

6.1 本标准由县级以上人民政府环境保护行政主管部门负责监督实施。

6.2 本标准中未作规定的内容和要求，按现行相应标准执行；国家、行业或者地方标准排放限值要求严于本标准的，执行相应标准限值要求。

6.3 在任何情况下，企业均应遵守本标准的污染物排放控制要求，采取必要措施保证污染防治设施正常运行。各级环保部门在对设施进行监督性检查时，可以现场即时采样或监测的结果，作为判定排污行为是否符合排放标准以及实施相关环境保护管理措施的依据。

附件十四

数据中心能效限定值及能效等级

1. 范围

本文件规定了数据中心的能效等级与技术要求、统计范围、测试与计算方法。

本文件适用于新建及改扩建的数据中心，以及对采用独立配电、空气冷却、电动空调的数据中心建 筑单体或模块单元，进行能耗计量、能效计算和考核。

本文件不适用于边缘数据中心。

采用其他非电空调设备的数据中心可以参照本文件执行。

注：新建数据中心，是指建设单位按照规定的程序立项，新开始建设的数据中心。改建数据中心，是指建设单位将现有建筑改建成数据中心，或者将现有数据中心机房重新改建成为新的数据中心。扩建数据中心，是指建设单位为了扩大数据中心的业务能力，对其进行增加数据中心机柜数最或提高机柜功耗等扩大业务能力建设的数 据中心。边缘数据中心，是指规模较小，部署在网络边缘、靠近用户侧，实现对边缘数据计算、存储和转发等功能的数据中心，单体规模不超过 100 个标准机架。

2. 规范性引用文件

下列文件中的内容通过文中的规范性引用而构成本文件必不可少的条款。其中，注日期的引用文件，仅该日期对应的版本适用于本文件；不注日期的引用文件，其最新版本（包括所有的修改单）适用于本文件。

GB / T 32910.1 数据中心　资源利用　第 1 部分：术语

GB/T 32910.3 数据中心　资源利用　第 3 部分：电能能效要求和测量方法
GB 50174 数据中心设计规范
GB 50462 数据中心基础设施施工及验收规范

3. 术语和定义

GB/T 32910.1 和 GB/T 32910.3 界定的以及下列术语和定义适用于本文件。

3.1 数据中心（data centers）

由信息设备场地（机房），其他基础设施、信息系统软硬件、信息资源（数据）和人员以及相应的规章制度组成的实体。

[来源：GB/T 32910.1—2017，2.1]

3.2 数据中心总耗电量（total electricity consumption of data centers）

维持数据中心运行所消耗电能的总和。

注： 包括信息设备、冷却设备、供配电系统和其他辅助设施的电能消耗。

3.3 数据中心信息设备耗电量（electricity consumption of data center information devices）

数据中心内各类信息设备所消耗电能的总和。

3.4. 数据中心电能比（ratio of electricity consumption of data centers）

统计期内，数据中心在信息设备实际运行负载下，数据中心总耗电量与信息设备耗电量的比值。

注： 表征数据中心电能利用效率（power usage effectiveness，PUE）。

3.5 数据中心能效限定值（maximum allowable values of energy efficiency for data centers）

在规定的测试条件下，数据中心电能比的最大允许值。

4. 能效等级与技术要求

4.1 能效等级

数据中心能效等级分为 3 级，1 级表示能效最高。各能效等级数据中心电能比数值应不大于表 1 的规定。

表 1　数据中心能效等级指标

指标	能效等级		
	1 级	2 级	3 级
数据中心电能比	1.20	1.30	1.50

4.2 技术要求

数据中心能效限定值为表 1 中能效等级 3 级。

5. 统计范围

5.1 数据中心应符合 GB 501734 中的相关要求，建筑形态可以是一栋或几栋建筑物，也可以是一栋建筑物的一部分。测量和评价的最小单元应采用独立配电、空气冷却、电动空调的数据中心建筑单体或模块单元。对于几栋建筑物组成的数据中心，应按单体建筑，分开测量和评价。分期建设的数据中心至少应按已建成可评价最小单元测量。

5.2 统计范围为用于保障本数据中心运行的所有电能消耗量，包括信息设备、空调制冷设备，以及数据中心的其他所有辅助设施的耗电量，无论其来自市电、备用电源、可再生能源发电、燃气发电及其他单位和设备所供应。

5.3 应采用测量仪器仪表对测算期内数据中心的信息设备、冷却系统、供配电系统和其他辅助设施耗电量进行测量：

a）信息设备包括但不限于：

数据计算处理设备：如服务器、工作站、小型主机、信息安全设备等；

数据交换处理设备：如交换机、路由器、防火墙、网络分析仪、负载均衡设备等；

数据存储处理设备：如磁盘存储阵列、光盘库存储设备、磁带存储设备等；

辅助电子设备：如网络管理系统、可视化显示和控制终端等安装在主机房内的电子设备。

b）冷却系统包括但不限于：

机房内所使用的末端空调设备：房间级、行级、机柜级、芯片级空调和机房温度湿度调节设备等；

室外冷却系统：风冷、水冷、蒸发冷却空调设备和空调制冷输送设备等；

新风系统：新风机及送风、回风风机、风阀等。

c）供配电系统包括但不限于：

变压器、配电柜、发电机、不间断电源（UPS 或 HVDC）、电池、机柜配电单元等设备。

d）其他辅助设施包括但不限于：

照明设备、安防设备、灭火设备、防水设备、传感器、数据中心建筑的管理系统等。

6. 测试与计算方法

6.1 测试条件

6.1.1 测试环境

测试时数据中心内温度、相对湿度和照度应符合 GB 50174 中的相关要求。

6.1.2 仪器仪表精度

测量仪器仪表的精度或准确度应满足以下要求：

电能计量仪表：精度为 1 级；

电流互感器：0.5 级；

功率表：0.5 级；

电压互感器：0.5 级；

温度测量仪表：准确度为 ±0.5°C；

相对湿度测量仪表：准确度为 ±5%，

照度测量仪表：不低于一级，相对示值误差小于或等于 ±4%。

6.2 测试位置

6.2.1 耗电量测量点位置

应采用测量仪器仪表对耗电量进行测量，数据中心耗电量测量点的设置应参照图 1 中各测量点的 位置要求。所安装测量仪器仪表的位置应便于对数据中心进行耗电量数据的采集和管理，应便于获取数据中心电能比所需的数据。

数据中心总耗电量的测量点应取电能输入变压器之前，即图 1 中的测量点 1 和测量点 2 电能消耗之和。

为数据中心信息设备服务的冷却系统、照明系统及监控系统等辅助建筑及配套设备应做电能测量，其电能测量点应设置于配电系统中相应的各个回路。汇总表示为测量点 3、测量点 4、测量点 5, 可用于分析各部分耗电情况。

数据中心信息设备耗电量为各类信息设备用电量的总和，测量要求如下：

a）当列头柜无隔离变压器时，数据中心信息设备耗电量的测量位置为不间断电源（例如 UPS、 HVDC 等）输出端供电回路，即图 1 中的测量点 6 或测量点 7。

b）当列头柜带隔离变压器时，数据中心信息设备耗电量的测量位置应为列头柜输出端供电回路，即图 1 中的测量点 7。

c）当采用机柜风扇作为辅助降温时，数据中心信息设备耗电量的测量位置应为信息设备负载供电回路，即图 1 中的测量点 8。

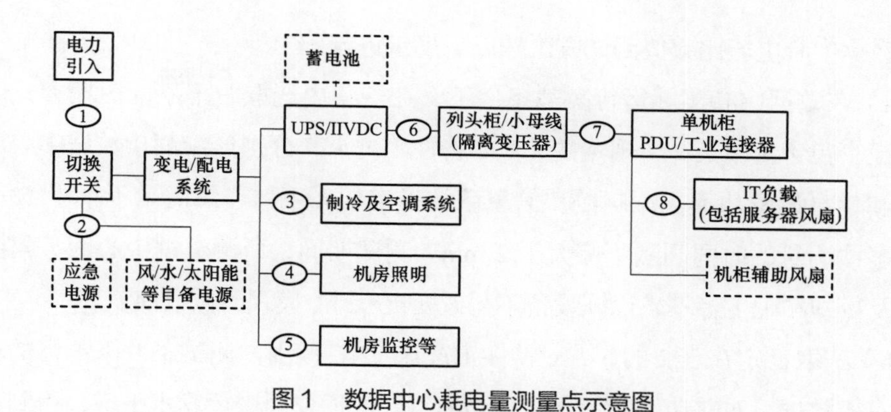

图1　数据中心耗电量测量点示意图

6.2.2 温度、相对湿度测量点位置

6.2.2.1 数据中心室内测量点位置

数据中心室内的温度、相对湿度和照度测量点位置应按照 GB 50462 中的相关要求选择。

6.2.2.2 数据中心室外测量点位置

数据中心室外的温度测点位置选择距影响冷却性能设备的迎风面 1m 的中心位置，如果有多台室外机，室外温度为在多台室外机测得的温度的平均值，同时应避免冷却设备对温度测量的影响。

6.3 计算方法

6.3.1 数据中心电能比设计值

数据中心电能比设计值按照式（1）计算：

$$R_{\mathrm{D}}=\frac{E_{\mathrm{D}}}{E_{\mathrm{DIT}}} \tag{1}$$

式中　R_{D}——数据中心电能比设计值；

E_{D}——总耗电量的规划设计值，kWh；

E_{DIT}——信息设备耗电量的规划设计值，kWh。

6.3.2 数据中心电能比测算值

6.3.2.1 测试方法

数据中心电能比数值测试方法按以下规定进行：

a）在数据中心实际运行负载条件下，在一年内选取若干不同时段，该时段应至少包含 1 个表 2 所规定的 a ~ e 特性工况点，分别连续测量数据中心总功率和信息设备功率。在制冷和信息系统稳定状态下，连续测量不小于 12 h，其间多次测量的时间间隔不应大于 2 min。测试期间，所测数据中心服务器数量以及冷却和配电等基础设施设备不得做变更，制冷模式不做切换。

b）选取稳定在表 2 的 a ~ e 特性工况点 ±2 C 范围内测试条件下测得的功率为有效数据，对总功率和信息设备功率有效数据分别进行算术平均，得到该工况点对应功率值。测算值测量和计算示例见附录 A。

c）对于建有全年耗电量数据监控系统，并配备有与本文件所要求精度相当监测设备的数据中心， 应在本文件所要求的测量点测星并记录全年耗电量数据，并监测两个数据中心电能比数值： 一是按本文件所要求的数据中心电能比测试工况和测试频率，进行总功率和信息设备功率数据采集，用采集数据按式（4）计算的数据中心电能比特性工况法测算值，二是用全年耗电量数据按式（5）计算的数据中心电能比全年测算值。

表 2 数据中心电能比测试工况

特性工况点		a	b	c	d	e
数据中心内侧	干球温度（℃）	18 ~ 27				
数据中心外侧	干球温度（℃）	35	25	15	5	−5

注 若某一特殊工况点对应的温度分布系数为 0，则无需测量该特殊工况点下的功率数据。

6.3.2.2 总耗电量的校准值

总耗电量的校准值按照式（2）计算：

$$E_C = 8760 \times T_a P_a + 8760 \times T_b P_b + 8760 \times T_c P_c + 8760 \times T_d P_d + 8760 \times T_e P_e \quad (2)$$

式中 E_C—— 总耗电量的校准值，kWh；

P_a ~ P_e—— 在表 2 中 a ~ e 工况条件下测算的数据中心总功率，kW；

$T_a \sim T_e$—— 温度分布系数，具体数值按附录 B 取值；

8760—— 全年小时数，h。

注： 温度分布系数 $T_a \sim T_e$ 表示每个特性工况点所代表的温度区间在某地区全年温度分布的时间占比。

6.3.2.3 信息设备耗电量的校准值

信息设备耗电量的校准值按照式（3）计算，即

$$E_{CIT} = 8760 \times T_a P_{aIT} + 8760 \times T_b P_{bIT} + 8760 \times T_c P_{cIT} + 8760 \times T_d P_{dIT} + 8760 \times T_e P_{eIT} \quad (3)$$

式中 E_{CIT} —— 信息设备耗电量的校准值，kWh；

$P_{aIT} \sim P_{eIT}$ —— 在表 2 中 a ~ e 工况条件下测算的数据中心信息设备功率，kW；

$T_a \sim T_e$ —— 温度分布系数，具体数值按附录 B 取值；

8760 —— 全年小时数，h。

注： 温度分布系数 $T_a \sim T_e$ 表示每个特性工况点所代表的温度区间在某地区全年温度分布的时间占比。

6.3.2.4 数据中心电能比的测算值

数据中心电能比的测算值按照式（4）、式（5）计算，即

$$R_{M1} = \frac{E_C}{E_{CIT}} \quad (4)$$

式中 R_{M1} —— 按 5 个特性工况点方法测算的数据中心电能比特性工况法测算值；

E_C —— 总耗电量的校准值，kWh；

E_{CIT} —— 信息设备耗电量的校准值，kWh。

$$R_{M2} = \frac{E}{E_{IT}} \quad (5)$$

式中 R_{M2} —— 按全年耗电量测算的数据中心电能比全年测算值，无因次；

E —— 全年耗电量测量值，kWh；

E_{IT} —— 信息设备全年耗电量测量值，kWh。

6.3.3 判定

各等级数据中心的判定应同时满足以下两个条件：

a）数据中心电能比的设计值、特性工况法测算值和全年测算值（如有）均符合表1相应等级的规定。

b）数据中心电能比的特性工况法测算值和全年测算值（如有）应小于设计值的1.05倍。

附录 A

（资料性）
数据中心电能比特性工况法测算值测量与计算示例

A.1 主要实验参数的采集及处理

按 6.3.2.1 的测试方法进行测试，应采集的主要参数和处理方式见表 A.1。

表 A.1 主要实验参数的采集及处理表

序号	参数	测量时间	测量间隔	数据处理
1	数据中心外侧干球温度 /°C	≥ 12h	≤ 2min	对采集得到的数据满足表 2 中某个特性工况点（±2°C 之间）的所有采集数据的平均值
2	数据中心外侧湿球温度 /°C	≥ 12h	≤ 2min	对应数据中心外侧干球温度同时采集得到的数据的平均值
3	数据中心内侧干球温度 /°C	≥ 12h	≤ 2min	对应数据中心外侧干球温度同时采集得到的数据的平均值
4	数据中心内侧湿球温度 /°C	≥ 12h	≤ 2min	对应数据中心外侧干球温度同时采集得到的数据的平均值
5	数据中心信息设备实际运行负载 /%	≥ 12h	≤ 2min	对应数据中心外侧干球温度同时采集得到的数据的平均值
6	信息设备消耗功率 /kW	≥ 12h	≤ 2min	对应数据中心外侧干球温度同时采集得到的数据的平均值
7	数据中心总消耗功率 /kW	≥ 12h	≤ 2min	对应数据中心外侧干球温度同时采集得到的数据的平均值

注 表中的特性工况点指表 2 中对应数据中心外侧干球温度 a、b、c、d、e 对应下的工况点，对于 a 和 e 两个特性点，当所在城市温度达不到 35°C 或 -5°C 的情况下，数据中心外侧干球温度为采集数据中心"≥ 30°C"或"< 0°C"所有数据的平均值。

A.2 计算示例

以上海某一数据中心采集的数据为例，其测试数据见表 A.2。

表 A.2 上海某数据中心特性工况点下的测试数据

序号	参数	a 工况采集时间	b 工况采集时间	c 工况采集时间	d 工况采集时间	e 工况采集时间
		2020.07.21 00：00：00 ~ 2020.07.22 00：00：00	2020.07.10 00：00：00 ~ 2020.07.11 00：00：00	2020.11.04 00：00：00 ~ 2020.11.05 00：00：00	2021.01.08 00：00：00 ~ 2021.01.09 00：00：00	2020.12.14 00：00：00 ~ 2020.12.15 00：00：00
1	数据中心外侧干球温度 /°C	34.98	25.19	14.79	5.32	−1.05
2	数据中心外侧湿球温度 /°C	30.04	21.14	12.27	3.89	−2.13
3	数据中心内侧干球温度 /°C	24.16	23.79	24.10	23.89	23.88
4	数据中心内侧湿球温度 /°C	17.98	16.89	17.99	17.75	17.85
5	数据中心信设备实际运行载 /%	75	75	74	75	73
6	信息设备消耗功率 /kW	5 177	5 161	5 144	5 174	5 065
7	数据中心总消耗功率 /kW	7 392	7 112	6 656	6 948	6 252

依据式（2）计算数据中心总电能消耗量：

E_C=8760×0.084×7392+8760×0.341×7112+8760×0.288×6656+8760×0.266×6948+8760×0.021×6252= 60816370（kWh）

依据式（3）计算数据中心信息设备年总电能消耗量：

E_{CIT}=8760×0.084×5177+ 8760×0.341×5161+8760×0.288×5144+8760×0.266×5174+8760×0.021×5065=45191876（kWh）

依据式（4）计算数据中心电能比特性工况法测算值：

$$R_{M1}=\frac{E_C}{E_{CIT}}=\frac{60816370}{45191876}=1.35$$

A.3 数据中心电能比特性工况法测算值数据记录要求

在公布数据中心电能比特性工况法测算值时，应同时披露以下信息：

—— 数据中心所在地理位置，精确到城市；

—— 测试的具体时段，以及该时段内所有有效数据点对应的数据中心内外侧干球温度平均值、湿球温度的平均值、信息设备实际运行负载平均值、信息设备消耗功率平均值和数据中心总功率平均值。

附录 B

（规范性）
全国部分城市的温度分布系数

全国部分城市的温度分布系数如表 B.1 所示。

表 B.1　全国部分城市的温度分布系数表

城市	温度分布系数				
	T_a	T_b	T_c	T_d	T_e
	温度区间 /℃				
	>30	20 ~ < 30	10 ~ < 20	0 ~ < 10	< 0
兰州	0.033	0.205	0.301	0.257	0.204
贵阳	0.008	0.331	0.373	0.282	0.006
石家庄	0.093	0.272	0.245	0.249	0.142
哈尔滨	0.022	0.191	0.227	0.187	0.374
长春	0.006	0.191	0.248	0.185	0.371
沈阳	0.041	0.222	0.235	0.216	0.287
呼和浩特	0.036	0.198	0.26	0.185	0.321
西宁	0.007	0.086	0.295	0.287	0.325
银川	0.016	0.209	0.281	0.227	0.267
太原	0.014	0.239	0.282	0.259	0.205
成都	0.037	0.33	0.394	0.235	0.004
拉萨	0	0.086	0.412	0.345	0.156
乌鲁木齐	0.04	0.228	0.224	0.171	0.337
昆明	0	0.219	0.525	0.239	0.017

续表

城市	温度分布系数				
	T_a	T_b	T_c	T_d	T_e
	温度区间 /℃				
	>30	20 ~ < 30	10 ~ < 20	0 ~ < 10	< 0
合肥	0.082	0.343	0.273	0.28	0.023
北京	0.072	0.281	0.231	0.21	0.206
福州	0.087	0.447	0.362	0.104	0
广州	0.127	0.54	0.283	0.051	0
桂林	0.07	0.427	0.324	0.179	0
南宁	0.123	0.544	0.29	0.043	0
海口	0.128	0.632	0.224	0.016	0
郑州	0.069	0.296	0.255	0.23	0.15
武汉	0.128	0.331	0.278	0.25	0.013
长沙	0.115	0.333	0.271	0.262	0.019
南京	0.077	0.298	0.269	0.276	0.079
南昌	0.129	0.349	0.273	0.241	0.008
济南	0.108	0.284	0.248	0.27	0.09
西安	0.06	0.278	0.288	0.267	0.108
天津	0.066	0.269	0.246	0.238	0.18
上海	0.084	0.341	0.288	0.266	0.021
杭州	0.06	0.373	0.288	0.266	0.013
重庆	0.094	0.324	0.405	0.177	0
乌兰察布	0	0.092	0.292	0.214	0.402
河源	0.124	0.538	0.283	0.055	0
中卫	0.025	0.202	0.277	0.218	0.278

续表

城市	温度分布系数				
	T_a	T_b	T_c	T_d	T_e
	温度区间 /℃				
	>30	20 ~ < 30	10 ~ < 20	0 ~ < 10	< 0
清远	0.085	0.551	0.326	0.038	0
廊坊	0.069	0.275	0.239	0.224	0.193
张家口	0	0.092	0.292	0.214	0.402
怀来	0.047	0.231	0.248	0.232	0.242
深圳	0.087	0.629	0.268	0.016	0

注 数据来源于中国气象局气象信息中心气象资料室和清华大学建筑技术科学系编著的《中国建筑热环境分析专用气象数据集》，该数据集以全国 270 个地面气象站从 1971 年到 2003 年共 30 年的实测气象数据为基础。本文件没有涵盖的城市可参照《中国建筑热环境分析专用气象数据集》中直线距离最近，且海拔差不超过 300 m 的城市气象数据，确定该城市的温度分布系数。